하마미s
DIY
셀프 인테리어의 모든 것

하마미s DIY 셀프 인테리어의 모든 것

1판 1쇄 발행_ 2013.10.07.
1판 7쇄 발행_ 2014.09.05.

지은이_ 하마미(이은숙)
발행인_ 홍성찬

발행처_ 인사이트북스
출판신고_ 2009년 6월 5일 제25100−2009−0017호

주소_ 서울특별시 강북구 삼양로169길 34−12(우이동)(142−871)
대표전화_ 070)8112−0846
팩시밀리_ 02)906−9888
이메일_ insightbooks@hanmail.net

© 이은숙 저작권자와 맺은 특약에 따라 검인을 생략합니다.
ISBN 978−89−98432−12−6 13590

하마미s DIY

셀프 인테리어의 모든 것

Hamami's Lovely House

하마미 지음

인사이트
북스

프롤로그

결혼 10년 만에 '나의 첫 번째 집'을 갖게 되면서 셀프 인테리어가 시작되었다.

처음 살던 신혼집은 20평 남짓 다세대주택이었는데, 겨울이면 손끝을 호호 불며 살아야 했을 만큼 춥고 곰팡이도 넘쳐 나는 곳이었다. "한겨울에 밖에서 텐트 치고 자는 것 같아." 남편과 종종 했던 말이 기억난다. 이사를 하고 싶어도 경매로 넘어가 소송 중이라서 나올 수도 없었는데 다행히 3년 만에 악몽 같았던 그 집에서 전세금을 돌려받고 나올 수 있었다. 지금은 빛바랜 사진첩처럼 추억이 되었지만, 그 시절 사진을 보면 양 볼이 빨갛게 얼어 있는 큰 딸의 얼굴이 안쓰럽다. 그 후로도 전세 1년 만에 주인의 변덕으로 원치 않는 이사를 하기도 했고, 집주인으로서 해주어야 할 도리를 하지 않는 주인 때문에 상처도 많이 받았다. 그러면서 '나의 집'에 대한 열망이 점점 커져 갔다.

스쳐 지나가는 수많은 집들 중에서 내 집 한 채가 없다는 것이 참 서럽기도 했었는데, 드디어 나의 집이 생긴 것이다. 물론 지은 지 20년도 넘은 오래된 아파트이기는 했지만, 그래도 우리 가족만의 공간이었다. 마침 육아로부터 조금씩 해방되던 시기와 맞물려, 내 집이 생긴다면 하고 싶었던 일들을 하나하나 실천해 보기 시작했다.

오래된 아파트라서 여기저기 손볼 곳이 많아서이기도 했고, 여느 집들과는 다른 나만의 집을 갖고 싶어서이기도 했다.

처음에는 유행이 지난 가구의 페인팅으로부터 시작한 것이 조금 욕심을 내어 목재를 만지기 시작했고, 필요한 가구를 만들기에 이르렀다.

셀프 인테리어를 하면서 초반에는 남편의 반대가 심했었다. 힘든 작업을 하는 날이면 온몸이 아파 밤새 끙끙거리기도 해, 왜 사서 고생을 하느냐는 남편의 핀잔을 듣기가 일쑤였다. 따로 인테리어 공부를 한 것도 아니고 몇 년에 걸쳐 조금씩 진행된 것이라 솔직히 초반에는 이렇다 할 콘셉트도 없었다. 더구나 목재 고유의 성질도 고려하지 않고 무작정 부수고 이어 고친 가구들은 삐걱대기 일쑤였고, 부실하기 이를 데 없었다.

물론 지금은 남편이 나의 든든한 지원군이다. 대놓고 칭찬은 하지 않지만, 친구들과 만나면 은근히 부인 자랑을 한다. 전문적으로 배워본 적 없는 평범한 30대 아줌마가 직접 하나하나 만들어가면서 꾸며가는 하마미의 러블리 하우스! 아마도 열혈 하마미가 좌충우돌하며 만들고 작업했던 리폼 초기의 사진들을 보면 여러분 모두 용기를 내어 셀프 인테리어에 도전할 수 있을 것이다.

"아이가 어려서 아무것도 못하겠어요"

이웃님들 중 이렇게 하소연하는 분들도 종종 뵈었다. 사실 아이가 어리면 아이 키우는 일만으로도 너무 벅차서 내 집을 꾸미는 일은 상상도 못할 일이다. 내게도 육아라는 건 하고 싶은 일에 시간을 투자할 만큼 녹록치 않은 일이었으니까. 그런 분들에게 그럼에도 도전해보라는 말을 하지는 않겠다. 아이가 어느 정도 커서 시간적인 여유가 될 때, 천천히 도전해보라고 권하고 싶다. 물론, 그전에 틈틈이 본인의 집에 어울릴 만한 인테리어 스타일을 공부해두는 건 결코 아깝지 않은 투자가 될 것이다.

"나중에 내 집이 생기면 꼭 하마미님처럼 꾸미고 싶어요."

블로그를 통해 가장 많이 듣는 말 중 하나이다.

이 책이 나의 집을 갖기를 소원하는 많은 분들에게 꿈과 희망이 될 수 있기를 바란다. '나의 집이 생긴다면…'이라는 가정법이 전제가 될지라도, '언젠가는'이라는 희망이 있기에 행복한 기다림이 되길 바란다.

2013년 가을

하마미

차
례
/
Hamami's Lovely House

1

직접 꾸미고 고친 32평 아파트 컬러 인테리어

2

목공 DIY의 모든 것

3

나만의 특별한 공간 꾸미기

1
Hamami's Lovely House
직접 꾸미고 고친
32평 아파트 컬러 인테리어

화이트 & 내추럴하게 꾸민
카페 같은 거실

—

6년 전, 내가 카페 같은 거실을 꿈꾸며 거실 이곳저곳을 손댈 때만 해도 지금처럼 멋진 카페들이 많지 않았다. 언젠가 인테리어가 너무 예뻐 들어갔던 한 카페의 내부 모습에 반해 거실을 카페처럼 만들 결심을 하게 되었다.

아늑하고 로맨틱한 거실에 앉아 모던한 커피 잔에 향이 좋은 원두커피를 한잔 마시면 얼마나 좋을까. 그러나 현실은 그것과는 거리가 멀었다. 거실의 커다란 창으로 정리가 되지 않은 어수선한 베란다가 그대로 보여 심란하기만 했다. 그래서 하마미의 러블리한 거실 만들기의 첫 번째 작업은 다름 아닌, 베란다를 가려줄 가창 세우기였다. 물론 지금은 처음과는 조금 달라진 모습의 가창이지만, 한가득 햇살이 들어와 아늑한 분위기를 연출해준다. 작은 소품 가구들만 작업하다가 처음으로 시도해보았던 큰 작업이라 어려움도 많았다. 목재를 어떻게 구해야 할지도 몰랐고, 기껏 구한 목재의 길이가 맞지 않아 남자들도 하기 힘들다는 톱질도 해야 했다. 연일 거실은 톱밥이 날리고 쿵쾅쿵쾅 못질에 엉망진창이었다. 이렇게 내가 꿈꾸고 바라 마지않던 카페 같은 거실 만들기 프로젝트가 시작되었다.

나만의 스타일로 나만의 공간을 만들자

몇 년 전 빈티지 스타일의 인테리어가 한참 유행했을 당시, 집 안 전체를 빈티지로 바꾸었다. 그때는 엉성하기 그지없고 덕지덕지 칠이 칠해져도 빈티지라고 무조건 우기면 그만이었는데, 몇 년이 지나 유행이 바뀌고 나서 보니 나름 빈티지라며 좋아했던 인테리어가 그렇게 지저분해 보일 수가 없었다.

이후 유행하는 스타일을 무시하지는 않지만, 그렇다고 하나의 스타일만을 고집하지는 않게 되었다. 가구를 선택할 때에도 최대한 유행을 탈 만한 가구는 피하되, 유행하는 스타일의 흐름에 따라 변화를 주기 쉬운 가구를 선택한다.

유행하는 스타일을 나만의 느낌으로 살짝 변화를 주어 풀어낸 결과물을 즐기는 편이다. 그래서 우리 집을 둘러보면 빈티지, 모던, 레트로, 북유럽 등 여러 스타일과 만날 수 있다. 덕분에 어떤 스타일의 가구와 매치를 해도 어색하지 않게 어울리는 듯하다. 어쩌면, 아마추어적인 감각이 다양한 스타일을 풀어내기 좋은 공간을 만들어냈는지도 모를 일이다.

나의 인테리어가 여느 인테리어 스타일리스트의 집과 다른 점이 있다면, 흔히 볼 수 있는 가정집의 인테리어에 약간의 아이디어와 센스를 더해 벽을 허물지 않고도, 구조를 변경하지 않고도, 즉 현실적인 집 꾸밈을 했기 때문일 것이다.

내 블로그를 찾아오는 이웃들에게 "집 구조가 저희 집과 비슷해요. 그런데 분위기는 영 다르네요." 하는 말을 종종 듣곤 한다. 인테리어 전문가의 도움 없이 주부의 손으로 꾸미고, 바꾸고 하다 보니 시행착오를 겪으면서 조금씩 노하우를 쌓았다. 나의 인테리어 방법이 최고라고 할 수는 없지만, 인테리어 잡지에 나오는 눈으로만 만족해야 하는 실현 불가능한 인테리어가 아닌 약간의 실력과 관심만 있다면 누구나 할 수 있는 것들이기에 더 친근하게 느껴지는지도 모르겠다. 이 책에 나오는 많은 정보와 노하우가 예쁘고 안락한 집을 꿈꾸는 모든 이들에게 도움이 되었으면 좋겠다. 무엇보다 중요한 것은 내가 진정 원하는 스타일을 찾는 것이고, 그 스타일을 실현시키기 위해서 욕심부리지 말고, 작은 공간부터 차근차근 실천해 보는 것이다.

에어컨 수납장
거실을 답답하게 만드는 투박하고 커다란 오래된 에어컨을 가려주기 위해 만든 원목 수납장.
최신 에어컨과 달리 윗쪽에서만 바람이 나오는 형태라 사용할 때 윗부분의 창문만 열면 된다.

북유럽 인테리어 따라잡기

흔히 스칸디나비아 스타일이라고 불리우며 실용적이고 자연주의적인 스타일을 추구하는 북유럽 인테리어는 유행을 타지 않으면서도 개성 있는 디자인으로 우리나라 사람들에게도 많은 관심을 받고 있는 대표적인 리빙 트렌드이다.

북유럽 인테리어의 특징을 보면, 세련되고 감가적인 디자인 가구가 가정 먼저 생각이 나지만 깔끔한 화이트 배경에 다양한 컬러의 아이템을 매치하는 것도 포인트라고 할 수 있다. 하지만 북유럽 스타일의 인테리어 액자나 소품을 구입하는 비용이 만만치 않다. 때로는 약간의 아이디어를 더해 저렴하면서도 센스 있는 소품으로 유행하는 인테리어를 흉내 내어 보는 것도 좋은 방법이다.

소파의 뒷벽은 언제나 변화를 주기 좋은 공간이다. 소파의 뒷벽을 이용해 북유럽 스타일을 연출해 보았다. 사용하지 않는 CD를 캐서린 홀름(Cathrine Holm, 노르웨이의 식기 브랜드)의 나뭇잎 모양 패턴으로 다양하게 컬러링하여 북유럽 분위기가 물씬 풍기는 거실 인테리어를 연출했다. 어울리는 컬러의 페인트가 없다면 다양한 색상으로 조색을 하거나 톤을 달리 해보는 것도 좋은 방법이다. 심플한 화이트 벽면에 알록달록 컬러의 소품을 매치했으니 조금은 거창하게 북유럽 인테리어라고 불러본다.

북유럽 스타일을 대표하는
캐서린 홀름 패턴.

계절에 따라 쿠션 커버나 소파 패드를 바꿔주어
색다른 분위기를 연출한다.

소파 _ 데코룸 패브릭 애시 소파
화이트 원목 벤치 _ 꿈에그린 가구
액자 _ 상상후 캔버스 아트 모먼트 2
소파 패드 _ 코지코튼에서 직접 원단을 골라서 맞춤 제작
커튼 _ 텍스월드 피스타치오 암막 커튼

가을에는 브라운 색으로 포인트를 주면 같은 공간, 다른 느
낌을 연출할 수 있다.

암막 커튼 뒤로, 부드럽고 가벼운 느낌의 레이스 속 커튼을 덧달았다. 여름에는 겉 커튼을 떼어내고 속 커튼만 사용하면 청량감을 느낄 수 있다.

오래도록 사랑받는 패브릭 이용하기

유행하는 스타일은 자주 변하기 때문에 가장 중심이 되는 가구를 선택할 때는 최대한 유행을 타지 않는 디자인을 고르는 것이 좋다. 계절별로 유행하는 컬러에 따라 변화를 주기 좋은 디자인으로 선택하면 10년 이상 사용하는 가구라도 새로운 기분을 느낄 수 있으니 신중하게 생각하고 후회 없는 선택을 하도록 하자. 거실에 패브릭 소파를 사용할 경우 섬세한 주부의 손길을 느낄 수 있을 뿐만 아니라 집 안 전체 분위기를 아늑하게 만들 수 있다. 계절에 따라서 쿠션 커버나 소파 패드만 바꿔주어도 전혀 다른 분위기를 연출할 수 있는데 추가로 거기에 거실의 액자나 작은 소품들도 함께 변화를 준다면 센스 만점 거실이 된다.

　우리 집의 경우 지은 지 20년도 넘은 오래된 아파트이다 보니 겨울이면 거실 창문으로 찬바람이 들어와 코가 시렸다. 거실 커튼은 찬바람을 막아줄 수 있는 피스타치오 색상의 암막 커튼을 선택했다. 독특한 구석이 있다면 가창이 있어서 하나의 커튼으로 마무리할 수 있었던 공간을 두 개의 커튼으로 제작해서 또 하나의 완벽한 공간이 연출될 수 있도록 인테리어했다는 점이다.

개성이 묻어나는 액자 만들기

네 귀퉁이가 반듯한 액자를 참 좋
아한다. 네모난 프레임 안에 어떤
피사체가 들어가느냐에 따라 180도
다른 느낌을 만들어낼 수 있기 때
문이다.

패브릭을 이용해도 되고, 예쁜 그
림, 달력, 신문 등 주변에서 쉽게 구
할 수 있는 어느 것이든 네모난 프
레임 안에 들어가면 또 다른 이야기
가 된다.

공간에 변화를 주고 싶다면, 나만
이 표현할 수 있는 방식으로 개성
있는 액자를 만들어보자.

액자를 활용한 벽면이 또 하나의 독립된 공간으로 색다른 분위기
를 연출한다.

혼자서도 척척 거실 조명 바꾸기

내가 전등을 가까이 하기 시작한 것은 신혼 초부터였다. 욕실의 전구가 수명을 다해서
불이 들어오지 않았기 때문이다. 전구를 직접 갈아본 적은 한 번도 없었지만, 퇴근 시
간이 늦는 남편을 무작정 기다릴 수는 없었다. 뭐 별일 있겠어 하는 마음으로 전구를
직접 갈아보았다.

어쩌면 남들보다 늦은 남편의 퇴근 시간이 나의 자립심을 더 키워줬는지도 모를 일
이다. 물론 그 밑바탕에는 나의 급한 성격도 한몫했지만⋯ 지금도 어지간한 조명 작업
은 뚝딱 해치울 수 있을 정도다. 아마 온 집 안의 모든 조명을 직접 교체하게 된다면,
누구라도 조명 전문가가 될 수 있을 것이다. 경험만큼 소중한 노하우는 없는 법이니까.

처음 거실 조명을 교체할 때가 생각난다. 주문을 잘못하는 바람에 스위치 하나로 불
을 켤 수 있는 조명을 받았다. 우리 집은 스위치가 둘로 나뉘어져 있기 때문에 따로따

로 켤 수 있도록 되어 있는 조명이었는데 말이다. 조명을 교체하기 위해 거실 조명까지 모두 떼어낸 상태였다. 업체에 전화했더니 보내주면 전선 작업을 다시 해주겠다고 했다.

아무리 봐도 원래 있던 거실 조명을 다시 설치하는 것이 더 힘든 일일 것 같아서 전선 작업을 직접 하겠으니, 방법을 전화로 알려달라고 했다. 전선을 모두 풀고, 주전원 전선 8줄은 그대로 두고, 나머지 8줄을 4개씩 나누어 교차하면 되는 작업이었다. 당시에는 전등의 원리를 잘 모르는 상태라서 어렵게 느껴졌지만, 이후 원리를 이해하게 되면서 다음 전등 작업은 손쉽게 할 수 있었다.

거실의 조명은 디자인도 중요하지만 거실의 크기를 고려하여 알맞은 조도의 조명을 잘 선택하는 것이 중요하다.

거실 조명 _ 캐빈램프 트랙 8등

힐링 하우스의 첫인상, 현관

똑똑! 문을 열고 들어서면, 지치고 힘든 하루를 치유해줄 수 있는 힐링 하우스. 내가 꿈꾸고, 꾸미고 싶은 공간이다.

패널과 패브릭을 이용해서 마감한 신발장과 비오 장식으로 포인트를 준 화이트 톤의 현관문이 들어오는 이의 발걸음을 더욱 가볍게 해준다. 신발장을 깔끔한 화이트로 바꿔주니 문을 열고 처음 맞는 나의 집 인상이 더욱 화사하다.

강아지 직구를 위한 원목 하우스

거실의 전체적인 분위기를 흩트리지 않고 자연스럽게 어울리도록 원목으로 집을 만들었다. 잠자는 곳과 배변하는 곳을 분리하여, 위생적인 면을 살렸다. 문에 새긴 직구의 발자국 구멍이 이 집의 포인트이다. 낮에는 위쪽으로 열리도록 고안한 뚜껑을 열어 사용하고, 밤에 잘 때는 뚜껑을 덮어 안락한 분위기를 연출했다.

꼭 가리고 싶은 1순위 가전제품

셀프 인테리어를 하면서 가전제품은 꼭 가려주어야 할 1순위가 된 듯하다. 특히나 거실의 가장 큰 비중을 차지하고 있는 시커먼 TV는 나의 화이트 하우스에 생뚱맞은 가전제품임에 틀림없다. 한때는 방으로 TV를 옮겨보았지만, 그것도 정답은 아니었다. 그래서 생각해낸 것이 바로 원목 TV 가리개다. 여차하면 가리개 문을 닫아두어 아이들의 TV 시청 시간도 제한할 수 있으니 인테리어 효과뿐만 아니라 기능적으로도 훌륭한 아이템이다.

HAMAMI's TIP | 원목 가구를 이용한 좁은 집 인테리어 시 주의할 점

요즘은 각 브랜드 별로 다양한 소재의 원목 가구들이 출시되고 있다. 어두운 월넛에서부터 애시, 오크, 자작나무, 아카시아 나무, 소나무 원목 등. 원목의 종류만큼이나 고유의 색감으로 표현되는데, 한 공간에 너무 다양한 종류의 원목 가구를 섞어놓을 경우 오히려 불협화음을 만들어낼 수도 있으니 주의해야 한다. 최대한 같은 소재의 원목 가구로 통일감을 주는 것이 좁은 공간을 넓어 보이게 하는 포인트다.

자연스러운 느낌의 원목 거실장은 리넨 커트지로 가리개를 만들어서 달아주니 단정한 느낌이 든다.
실제로 사용했던 미국의 자동차 번호판을 포인트로 장식한 수납장을 두어 부족한 수납을 해결했다. 콘센트 가리개를 원목으로 만들
어주니 더욱 깔끔해 보인다.
거실장_아이니드 원목 거실장

Time
작구's House

콘센트 가리개

ONLY THE FINEST QUALITY
Handmade Crafts
bienvenue

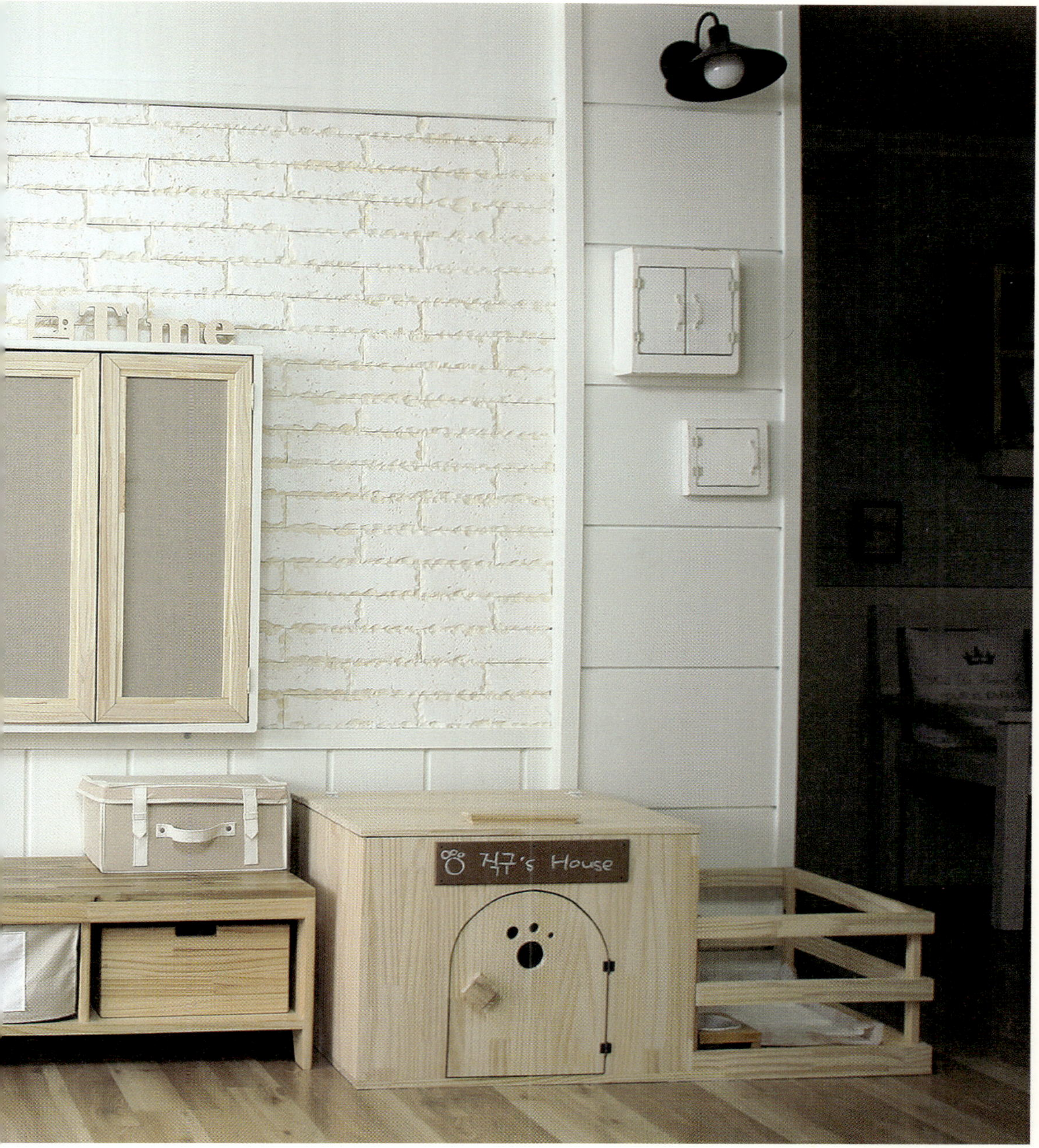

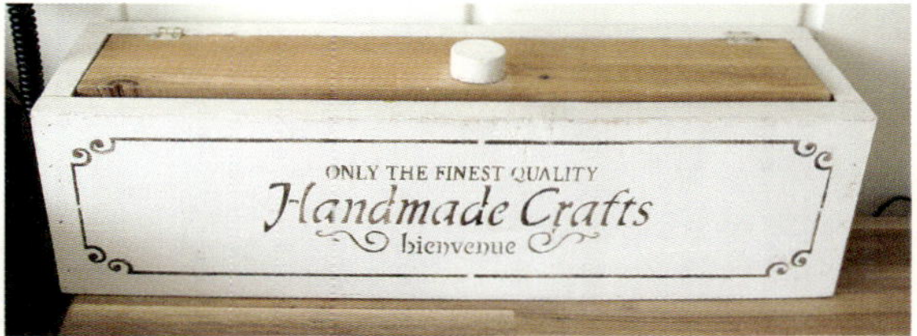

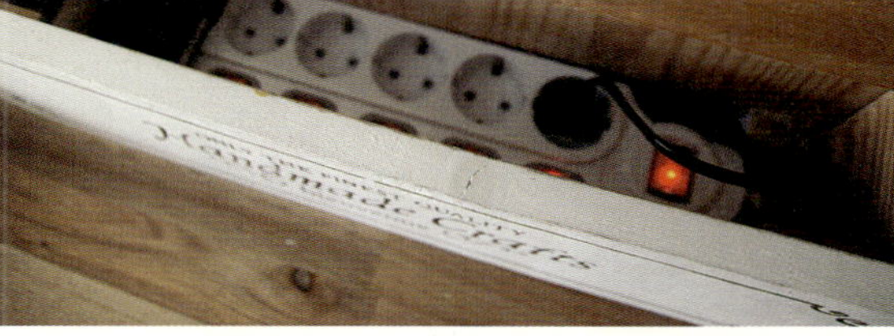

화이트 & 퍼플로 포인트를 준
모던한 안방 인테리어

—

외국 인테리어 잡지를 보면 간혹 유리 창문이 달린 방문을 볼 수 있다. 꽉 막힌 문이 아닌 안을 살짝 들여다볼 수 있는 그런 창문이 있는 방문을 만들고 싶었다. 그러나 방문을 뚫는다는 것은 페인팅처럼 그런 단순한 작업이 아니었다. 실패하면 다시 되돌리기 어렵기 때문이다. 그렇게 몇 달을 망설이다가 결국 하고 싶은 작업은 꼭 해 봐야 하는 나의 승부근성이 고개를 들고 말았다. '그래! 방문을 뚫어보자! 예쁜 우리도 끼우고. 절대 실패하지 않을 거야!'

어디서 그런 자신감이 생겼는지 모르겠다. 셀프 인테리어를 하면서 늘어가는 건, '망치면 어쩌나' 하는 두려움보다는 '그래, 한번 해보자' 하는 자신감이다. 그렇게 나의 안방 인테리어 대공사가 시작되었다.

어렵기만 하던 보라색을 안방에 적용하다

보라색! 적어도 나에게는 참 어려운 색상이었다. 하얀 얼굴에 다소곳한 아이에게나 어울릴 법한 보라색은 나에게는 어울리지 않는 색상이라는 편견이 있어 지금껏 보라색 옷을

원목패널을 설치하고 보라색으로 칠한 벽면에 포인트로 거울을 걸어주었다. 그 아래의 다용도 수납장은 주방 리폼할 때 떼어두었던 싱크대 상부장을 이용해 만들었다. 화장품뿐만 아니라 속옷 등을 수납하기에 좋다.
거울_아트유 제품

입거나 보라색 립스틱을 바른다거나 하는 식의 시도는 단 한 번도 해 본 적 없었다.

몇 년 전 무주로 여름휴가를 떠났다가 그곳에서 방 안을 신비로운 보라색으로 인테리어한 펜션에 머문 적이 있었는데 예쁜 펜션으로 유명한 곳이기도 했거니와 그날 이후 집 안을 보라색으로 꾸며보고 싶다는 충동에 시달렸다.

그리고 얼마 지나지 않아 바로 실행에 옮겼다. 그 첫 번째 작업이 안방 방문을 보라색으로 바꾼 것이다. 지금도 안방 방문은 하마미의 러블리 하우스 BEST 3 안에 들어갈 정도로 만족스러운 작업이다.

이후 안방 문 옆에 있던 욕실 문도 같은 색상으로 바꾸어 통일감을 주었다. 우리 집 욕실은 외부로 통하는 창이 없어 이용시 반드시 불을 켜야 하는데 욕실의 문 상단에도 유리를 끼워주어 사람이 있는지 확인할 때 더욱 편리하다.

유난히도 커다랗던 안방 창에 아늑함을 담다

안방의 커다란 창문은 햇살이 많이 들어와 따스한 느낌이 들기도 하지만, 휑한 느낌이 강했다. 그런 단점을 없애고자 창의 아랫부분에는 화이트 패널을 재단해서 붙여주고, 위쪽에는 격자창을 구입해서 붙였다. 둥근 아치는 얇은 MDF를 재단해서 페인팅하고 붙여주었는데, 아치형 창문 덕분에 유럽풍 분위기가 물씬 풍기는 듯하다. 화이트 패널을 붙여준 바깥쪽 유리에도 같은 모양으로 패널 시트지를 붙여주면 완성도가 높아진다.

약간의 아이디어만으로 썰렁한 창을 아늑한 분위기가 물씬 나는 창으로 바꿀 수 있었다. 우리 집처럼 오래된 아파트라면 커튼을 달아 단열도 보완하고 계절별로 커튼을 교체하여 안방의 분위기를 색다르게 연출하면 더욱 센스 있는 안방 인테리어가 된다.

아이와 함께하는 안방 침대

유럽에서는 아이가 어릴 때부터 따로 재운다는데, 나의 경우는 아이가 눈앞에 보여야 안심이 되었다. 그래서 아이와 함께 잘 요량으로 안방의 침대는 무조건 최고로 커다란 침대를 고집했다. 안방이라는 공간은 무엇보다 취침이 주된 목적이다 보니, 큰 침대가 차지해 여유 공간이 없어도 그다지 불편함은 느껴지지 않는다. 다만, 침대를 내가 직접 만들었더라면 헤드의 빈 공간을 수납이 가능하도록 했을 텐데, 하는 아쉬움이 남는다. 큰 침대 덕분에 아직도 작은 아이와 안방에서 함께 생활한다.

가장 비중을 두었던 침대 구입에 많은 예산이 투자되었던 터라, 안방에 꼭 놓고 싶었던 화이트 갤러리장을 선택할 때는 욕심을 버렸다. 저렴하면서도 실용적인 제품으로 골라 손쉽게 교체할 수 있는 손잡이만 원목으로 바꿔주었더니, 모던한 느낌이 강했던 기존의 갤러리장과는 다른 부드러운 느낌의 화이트 갤러리장이 되었다.

예산이 부족하다면, 저렴하고 튼튼한 제품으로 선택하고 변화를 주기 쉬운 부속품만 교체해도 충분히 고급스러운 느낌을 연출할 수 있다.

화이트 가죽 침대를 선택한 덕분에 계절마다 침구나 커튼으로 변화를 주기가 좋다.
침대_벤스 침대
블루 커튼_텍스월드 스카이블루 암막 커튼
조명_캐빈램프

허전했던 빈 벽의 가운데를 화이트 몰딩으로 나눈 후 상단을 네 등분했다.
네 등분한 벽에 웨인스코팅을 설치하고 안쪽은 은은한 꽃무늬 패브릭으로 채워 감각적인 벽면을 연출했다.
패브릭은 시침핀으로 벽지에 고정을 해두어서 언제든 다른 패브릭으로 변화를 줄 수 있다.
상단에 사용한 벽지_대동 토스카나 샤링 블루

리폼사이트에서 웨인스코팅wainscoting에 사용할 몰딩을 선택한 후 원하는 사이즈로 주문을 하면 재단되어 배송되므로 초보자들도 어렵지 않게 설치할 수 있다. 웨인스코팅의 가로, 세로 크기에 따라서 분위기가 달라지므로 우리 집 벽면에 맞는 적당한 크기를 선택하는 것이 관건이다. 나의 경우 가로 60cm, 세로 70cm로 제작 의뢰했다.

블랙 손잡이를 원목 손잡이로 교체하여 부드러운 느낌을 연출했다.
화이트 갤러리장_뉴월드 가구

그린 & 오렌지로 센스 있는
공부방 꾸미기

—

어렸을 때 나의 소원은 비록 작은 공간이라도 나만을 위한 방을 갖는 것이었다. 그 소원은 나이가 들어 결혼을 할 때까지도 이루어지지 않았다. 그래서인지 아이방에 대한 애착이 더욱 컸던 것 같다. 큰아이도 어렸을 때는 "꼬부랑 할머니가 될 때까지 엄마와 함께 잘 거야!" 손가락 걸고 약속하더니, 나이가 한 살 한 살 들어가니 자기만의 공간을 필요로 했다. 그 거짓말이 아쉽기도, 서운하기도 했지만 많이 컸구나 싶어 흐뭇하다.

엄마가 직접 만들어주는 아이방

방을 꾸밀 때는 먼저 그 방의 특징을 파악하는 것이 중요하다. 큰딸 하은이 방의 경우 발코니가 확장된 방으로 길이가 긴 구조였다. 이런 결함을 보완하기 위해 우선 가로 폭이 좁은 방을 시각적으로 더 넓어 보이도록 마주 보이는 좁은 벽면에는 원목패널을 가로로 썼다. 두 가지 컬러로 포인트를 주기 위해서 기준을 정해 가장 안정적인 분위기를 연출할 수 있는 상단을 나누었다. 방 전체를 나누기보다는 큰 벽을 위주로 나누는 것이 시각적으로 좁아 보이지 않는다.

원목패널을 가로로 설치하고 넓어 보이도록 화이트 색상으로 페인팅했다. 그린색과 오렌지색이 잘 어우러져 있어 상쾌한 느낌이 든다. 유난히 커다란 창가에는 화이트 우드 블라인드를 설치하고, 해바라기 모양의 그래픽 스티커를 잘라서 포인트를 주었다. 오렌지색 조명등을 달아 지루함을 피했다. 책상 공간을 좀 더 효율적으로 사용하기 위해서 키보드 수납함을 만들었으며, 패브릭으로 모니터 가리개도 만들어 덮어주니 컴퓨터에 먼지 탈 일도 줄고 보기도 좋다.
조명_필립스 서스펜션(오렌지/화이트)

넘쳐 나는 필기도구들을 분류해서 원목 연필꽂이를 만들어주었다. 세 칸, 네 칸 원하는 대로 만들 수 있다.

컴퓨터와 복합기를 함께 올려두어야 해서 비교적 큰 사이즈의 책상을 선택했다. 삼나무는 비교적 무른 목재라서 가구를 구입할 때 꺼리는 편이지만, 가격이 저렴하고, 3T의 두툼한 상판으로 되어 있어서 긁히거나 흠집이 나면 사포로 싹 밀어내고 다시 페인팅을 해줄 생각으로 반제품으로 구입했다.
테이블_파파나무 DIY 1700

방의 컬러는 베이스가 되는 기본 색상에 포인트가 되는 색상을 추가로 선택했다. 한 가지로 하면 평범해 보일 것이고, 세 가지 이상으로 할 경우 산만해보이기 십상이다. 하은이 방의 경우 기본 컬러로는 그린색을, 포인트가 되어줄 색상으로는 톡톡 튀는 느낌의 오렌지색을 매치했다. 그린색은 평화, 자연, 온화함을 상징하는 색상으로 아이방 인테리어에 적합하다. 그린색과 오렌지색이 잘 어우러져 과하지 않으면서도 세련된 인테리어를 연출한다.

정리 또 정리, 아이들 방은 정리의 연속

아이들이 연필을 잡고 글씨를 쓰기 시작하면서, 집 안 곳곳에 아이들의 필기도구들로 넘쳐 나게 되었다. 내가 어렸을 때, 사용하던 연필이 짧아져서 몽당연필이 되면 엄마는 볼펜대에 연필을 끼워서 끝까지 사용할 수 있도록 만들어주셨다. 하지만 지금의 나는 대형마트에 가면 아이들의 학용품을 너무도 손쉽게 카트에 담고 있다.

학교나 학원에서 때마다 선물로 받아오는 학용품들로 어느새 책상 곳곳은 몸살을 앓고 있다. 아이들 학용품은 시시때때로 자주 정리를 해주는 것이 정답!

아이방에 꼭 놓고 싶은 것

아이가 초등학교에 들어가면서 아이방에 꼭 놓고 싶은 목록이 하나 둘 생겨났다. 침대, 책상, 책장, 옷장 등등. 아마 대부분의 초등학생을 둔 부모들이 비슷한 생각을 하고 있으리라. 여자아이라면 추가로 피아노까지!

처음에 하은이 방을 만들 때 방의 구조는 생각하지 않고 h자형 책상을 선택했다. h자형 책상은 책장과 책상이 연결되어 있는 디자인으로 공간에 따라 꽤 유용하게 사용할 수 있는 책상이지만, 하은이 방은 폭이 좁고 긴 타입으로 침대와 옷장, 책장이 모두 보기 좋게 자리 잡기에는 무리가 있었다.

옷장과 책상만 있을 때는 나란히 놓고 사용이 가능했는데 중간에 책장이 하나 추가되면서 키가 큰 가구들이 마주 보고 창을 가리게 되어 방이 더욱 답답해졌다. 연구 끝에 옷장을 침대 뒤로 이동시켜봤지만, 보기에도 안 좋고 사용하기에도 불편했다.

h자형 책상이 방을 더 답답하게 만들고 있다.

ㄱ자형 책상으로 바꾸면서 좁았던 방이 훨씬 넓어지고 시원해졌다.

그래서 과감하게 h자형 책상을 포기하고 ㄱ자형 책상으로 바꾸어 폭이 좁은 공간을 최대한 활용하기로 했다. 처음부터 공간에 대한 이해가 있었더라면 가구를 선택할 때도 실패가 없었을 것이다.

아이방 가구 구입 요령

아이방 가구를 구입할 때는 우선 공간에 대한 확실한 이해가 필요하다. 그런 후 새로 구입할 가구가 놓일 위치를 고려한 후 알맞은 크기와 디자인을 선택해야 한다.

아이들 방의 경우 크지 않기 때문에 침대, 책상, 책장, 옷장이 들어서면 포화 상태가 되기 쉬워 가능한 한 모듈의 변화가 용이한 디자인을 선택하는 게 좋다. 이사할 경우가 생기더라도 공간에 맞는 다양한 변화를 줄 수 있어 편리하다.

책상의 높이에 맞추어 두툼한 미송 3T 상판을 연결해서 ㄱ자형 책상을 만들었다. 집에 있던 공간 박스 두 개를 쌓아 올려 수납장을 만들었다. 부족한 수납도 해결하고 상판의 지지대 역할을 할 수 있도록 고안했다.
기존에 사용하던 책상 서랍은 리폼하여 재활용하고 원목으로 컴퓨터 본체 집을 만들어 보기 좋게 수납해주었다.

KEY_ 컴퓨터 본체는 열을 배출시켜야 하기 때문에 사이즈를 여유 있게 해야 한다. 뒷면은 반드시 오픈된 상태로, 열이 바로 나오는 팬의 옆면은 망으로 처리해서 원활한 통풍이 이루어지도록 한다.

원목패널로 꾸며준 벽면에 원목 선반을 달아주었다. 원목패널이라 별도의 해머 드릴 작업 없이 간단한 피스 작업만으로 원하는 아이템들을 쉽게 달 수 있다. 아이가 항상 메모하고 실천하는 생활 습관을 기를 수 있도록 선반에는 칠판 메모 보드를 만들어주었다.

큰 공간은 아니지만, 남는 자투리 공간을 활용해서 ㄱ자형 책상으로 만들고, 수납이 가능한 센스 있는 원목 의자를 매치했더니 간이 테이블로 사용하기에도 손색 없는 공간이 되었다. 원목 의자의 등받이에도 수납이 가능해서 자주 사용하는 학용품들을 넣어둘 수 있다.
포켓 의자_데코룸(반제품)

책장의 재발견

책장은 꼭 책만 수납해야 하나요? 우리 집의 경우 책장에 원목 문을 달아서 서랍장 대신 옷을 수납하고 있다.

딸아이다 보니 계절마다 예쁜 옷도 사줘야 하고 그때마다 늘어나는 옷들이 골칫거리였다. 그렇다고 좁은 방에 더 이상의 가구를 놓는다는 것은 불가능했다. 폭이 넓은 서랍장을 책장 옆에 매치하면 튀어나와서 이상했다. 그래서 생각해낸 방법이 6칸짜리 낮은 책장을 이용해서 옷 서랍장으로 변신시키는 것이었다. 원목 문을 달아주는 방법은 생각보다 무척 간단하다.

첫째, 리폼사이트에 원하는 목재 사이즈를 미리 계산해서 필요한 개수만큼 주문한다. 요즘은 목재 절단 서비스를 기본적으로 해주는 리폼사이트가 많은데, 잘 활용하면 큰힘 들이지 않고 간단하게 리폼을 할 수도 있으니 잘 이용해보길 바란다.

둘째, 페인팅이나 스테인 또는 원목 그대로의 느낌을 살려서 마감제를 발라준다.

셋째, 경첩과 자석 고정쇠로 문을 달아준다. 경첩을 아래쪽에 달아줄 경우 전체적인 통일감도 주고, 수납한 옷가지를 확인하기도 쉽다.

방법은 의외로 간단하지만, 효과는 100%인 수납 방법이다. 아이들 바지와 티셔츠, 겨울 내의 등을 칸을 나누어 수납할 수 있을 뿐 아니라 문을 열면 한눈에 수납된 옷들을 확인할 수 있어서 서랍식보다 편리하다.

조금은 독특한 시계로 인테리어에 포인트를 주는 것도 좋다.
벽시계_행복디자인 트리앤버드

낮은 책장_한샘 제품

옷 수납과 같은 방법을 옆에 있는 책장에도 응용하여, 전체적으로 통일감을 주었다.
또한 모두 오픈되어 있으면 정신없고 지저분해보일 수 있는 책장을 깔끔하게 정리할 수도 있다.
공간을 100% 막지 않았기 때문에 답답해 보이지 않을 뿐 아니라 따로 손잡이를 달아줄 필요가 없으니 작업도 간단하고 비용도 줄일 수 있다.

책장의 한 칸은 아이 머리핀 상자와 휴지통을 빌트인으로 만들어서 넣어주었다. 책장과 함께 구입했던 수납 박스는 원래는 검은색이었는데, 초록색으로 페인팅해서 색상을 맞춘 후 아이 속옷, 양말, 겨울용품(장갑, 목도리, 무릎담요 등)을 수납하고 있다.
책장/수납 박스_한샘

책장의 상단에도 원목 문을 만들었다. 전체를 막지 않아서 수납되어 있는 책을 한눈에 확인할 수 있을 뿐만 아니라, 상단 부분이 가려지니 한결 깔끔한 수납이 가능하다.

엄마의 추억을 딸에게

15년 전 내가 결혼할 때 혼수로 가져온 '차단스(찻장)'라는 가구가 있었다. 앞쪽이 유리로 되어 있어서 주로 주방 그릇들을 넣어두었다. 파란색의 촌티 팍팍 날리는 가구였는데 버리기에는 전체적인 틀이 너무 튼튼해서 하얗게 페인팅을 하고 유리에는 벽지를 붙여서 아이방 옷장으로 사용했었다. 벽지를 붙였던 앞쪽 유리가 너무 위험하기도 했거니와 너무 갖고 싶던 원목 옷장이 있어 다시 리폼하기로 결정했다.

기존의 문들을 모두 제거하고 미송집성목으로 앞판을 새롭게 제작해 작은 유리를 끼우고, 원목 손잡이까지 달아주니 값비싼 핸드메이드 가구 부럽지 않은 원목 옷장으로 새롭게 태어났다. 이런 것이 진정한 리폼이 아닌가 싶다.

아이가 좋아하는 것을 만들어주자

직접 구입하는 가구만큼 완성도가 높지는 않겠지만, 내가 필요한 수납 방식을 직접 선택해서 만들 수 있기 때문에 훨씬 유용하다. 옷장의 아래쪽은 서랍식이 아니기 때문에 넓은 수납공간을 확보할 수 있을 뿐만 아니라 각종 잡동사니도 수납할 수 있어서 아주 편리하다.

- 높이가 낮은 원목 침대로 좁은 공간을 더욱 넓어 보이게 하는 효과가 있다.
  침대_파파나무 조이 키즈 클라라 침대(화이트)
- 사용할 페인트와 벽지는 컴퓨터 모니터로 보는 색상과 실제로 받았을 때의 색감 차이가 있을 수 있으니, 색상을 선택할 때는 더욱 신중을 기해야 한다.
- 오렌지색 벽지를 반 롤 구매하여, 인테리어에 포인트를 주었다. 오렌지색 벽지는 크레용 벽지로, 지금은 구할 수 없는 제품이다.
- 반대쪽 벽에는 원목패널을 설치하고, 그린색으로 페인팅해서 차분한 인테리어를 연출했다.
- 코너 벽에 한때 선풍적인 인기를 끌었던 그래픽 스티커를 활용했다. 평면이 아닌 코너에 설치해서 입체적인 느낌을 살려주었으나 원목패널을 설치하여 반대쪽 벽면의 스티커는 제거한 상태.
- 깔끔한 벽면을 위해서 기존의 그래픽 스티커를 모두 제거할까 고민하다가, 살짝 정리해주는 선에서 마무리했다. 그린색 원목 벽에는 아트프레임으로 포인트를 주었다.
  아트프레임_인그리고 CHESS APPLE
- 천장 조명_바이빔 큐스퀘어 5등(그린)

우리 딸이 가장 아끼는 원숭이 인형. 엄마와 함께 장보러 갈 때마다 들르는 소품 가게에서 찜해두고 조르고 졸라 장만했던 인형인데, 아빠의 실수로 다리가 찢어지는 수난을 겪었다.

울고, 울고, 또 울고, 달래고 달래면서 엄마의 서툰 바느질 솜씨를 발휘해 수선해주었다. 그러나 형편없는 엄마의 바느질에 아이의 울음소리는 더 크게 터지고, 결국 예쁜 리넨 반바지를 만들어 입혀주고 나서야 아이는 울음을 그쳤다.

지금도 우리 딸이 엄마 대신 꼭 끌어안고 자는 보물 1호이다. 그린색의 아이방과도 잘 어울리는 인형이다.

그린색의 침구와 베개 커버는 서툰 솜씨로 직접 만든 나의 작품이다.

침대 옆에 자리 잡고 있는 협탁 겸 화장품 수납함

엄마가 사주는 기초 화장품은 뒤로하고, 자기의 용돈으로 하나하나 늘려온 화장품들을 모아보니 꽤나 되었다. 하은이 또래 아이들은 벌써부터 비비크림이나 색조 화장도 하는 친구들이 많다. 그 예쁜 피부에 왜 그러는지 도무지 이해가 가지 않지만, "엄마, 화장하는 친구들이 다 나쁜 애들은 아니야! 우리 반 대부분의 아이들이 화장하는 걸" 하는 딸에게 무조건 하지 말라고 하기도 어렵다.

나날이 늘어가는 하은이의 화장품을 수납할 수 있도록 협탁 겸 수납함을 만들어

침대 옆에 자리 잡고 있는 협탁 겸 화장품 수납함. 취침 시에 휴대폰이나 책 등을 놓아둘 수 있는 협탁 기능을 겸비한 다기능 수납장이다.

침대 옆에 놓아주었다. 서랍 안쪽에는 공간을 나누어 샘플들도 정리하기 쉽고, 사용하기도 편하도록 해주었다.

좁은 아이방에 가장 필요한 것은 수납 공간

아이방을 꾸미는 데 있어서 가장 중요하게 생각할 것은 필요 없는 자투리 공간을 얼마나 잘 활용할 수 있느냐이다. 빈 공간, 쓸모없는 공간, 버려지는 공간들을 잘 활용하면 얼마든지 유용한 수납공간으로 새롭게 탄생할 수 있다.

"수납공간 확보 = 깔끔한 인테리어"

버리려던 책장을 리폼해서 침대 밑 수납장으로 사용한 적이 있었다.
책장에 바퀴와 문을 달아 수납공간을 확보한 아이디어도 좋았고, 무엇보다 아이들 계절 옷 수납에 큰 효과를 보았다. 반면 무겁고 커다란 책장을 전체적으로 끌어내야 한다는 점과 침대의 끝부분까지 활용하지 못하고 책장의 폭만큼밖에 활용을 못한다는 단점도 있었다. 그래서 바꾼 침대에 맞춰 새롭게 만든 침대 밑 비밀 수납장.

- 새로 바꾼 낮은 원목 침대. 침대 밑 공간이 좁아졌지만, 아이들 앨범과 실로폰, 소고, 멜로디언 등 자주 사용하지 않는 덩치 큰 학교 준비물을 수납하기에 적당한 공간이 새롭게 생겨났다.
- 수납공간도 반으로 나누고, 침대의 끝 부분까지 깊게 사용하니 수납 양도 늘어나고 두 개로 나누어서 제작했더니 사용하기도 편리해졌다.

방문 뒤의 공간에는 활용 만점인 수납 걸이를 걸었다. 방문에 간단하게 걸이를 박아 아이들 보조 가방이나 신발주머니 등을 걸어두면 편리하다. 방문이 열려 있을 때면 보이지 않을 방문 뒤 빈 공간에도 센스 있는 걸이를 박아서 아이 교복이나 모자, 옷가지 등을 걸어두면 좋다.
피크닉자전거 옷걸이_행복디자인

옐로우 & 블루 & 핑크로 포인트를 준
좁은 아이방 인테리어

—

파란 문을 열고 들어서면, 동화 속처럼 꾸민 작은딸 하영이 방이 펼쳐진다.

"엄마, 침대 사줘! 그럼 내 방에서 잘게요."

초등학교를 들어갈 즈음 작은아이의 요구였다. 물론 지켜지지 않으리란 걸 잘 알고 있었다. 큰아이도 그랬으니까.

첫아이 때는 내가 먼저, "하은아! 침대 사줄게, 이제부터는 네 방에서 자야 돼!" 하며 품에서 내보냈다. 아이가 성장하면 자연스럽게 자기 방을 찾게 될 텐데, 그때는 왜 그 렇게 침대를 빌미로 아이와 협상을 하려 했는지 모르겠다.

첫아이를 키워보고 나니 둘째 아이는 모든 것이 그러려니 한다. 어렸을 때는 자기 방 에 대한 개념이 없어서 꾸며줄 생각도 안 했고, 워낙 좁은 방이어서 온갖 잡동사니들을 넣어두는 창고로 활용했다. 아이가 초등학교를 들어갈 즈음이 되자, 자기 방을 원하며 언니 방과 비교하기 시작했다.

하영이 방 꾸미기는 그렇게 귀여운 투정 덕분에 시작되었다.

아이방은 좁은 방인데도 덩치가 크고 높은 가구들로 채워져 더욱 좁아 보였다. 그나마 다행인 것은 붙박이장이 있었다. 5단 서랍장 대신 수납형 침대를 만들어줌으로써 그 기능을 유지시켜주고, 전체적인 가구 높이를 낮추어 좁지만 넓어 보이는 인테리어를 연출했다.

리넨 누빔 커트지를 구입해서 직접 만든 수납 바구니. 수납도 넉넉하게 되지만, 디자인이 예뻐서 인테리어 소품으로 사용해도 굿!

아이방은 무조건 수납이 우선

아이방은 대체로 좁기 때문에 무엇보다 수납에 신경을 써야 한다. 첫째도 수납, 둘째도 수납이다! 그리고 너무 많은 가구를 들이는 것도 금물이다. 되도록 낮은 가구를 선택해서 답답해 보이지 않도록 하는 것이 중요하다. 하영이 방처럼 원목패널을 가로로 설치해서 시각적으로 넓어 보이는 효과를 주는 것도 좋은 방법이다.

아이방 셀프 인테리어의 장점

아이방을 엄마의 아이디어와 노력으로 만든다는 것은 무엇보다 정서적인 면에서 아이와 엄마의 교감이 두터워진다는 장점이 있다. 또 하나는 아이의 성장 시기에 맞는 인테리어를 직접 설계할 수 있다는 점이다.

　가령, 피아노 키보드 치는 것을 좋아하는 아이를 위해 키보드 수납형 책상을 만든 적이 있었다. 밑으로는 키보드 수납도 되고, 책상으로 사용할 수 있어서 당시에는 활용도가 높은 아이템이었다. 현재는 아이방의 크기를 고려해 미니책상을 직접 제작해서 사용 중이다. 크기가 작아서 위치 이동이 쉬워 원하는 곳으로 쉽게 옮겨 사용이 가능한 유용한 아이템이다.

미니 책상의 상판에는 핑크와 화이트 라인을 주어 발랄함을 표현했다.
아이의 눈높이에 맞게 핑크색 시계를 달아주었더니 분위기가 새롭다.
심플 정방시계_그녀의 하루(베이비핑크)

아이방에 있던 붙박이장 문을 페인팅한 후 패널을 이용해서 리폼했다. 간단하면서도 매력 있는 스텐실 기법을 써서 포인트를 줬다.

드럼세탁기 형태의 보관함으로 인형이나 장난감을 보관하기에 좋다. 아이방에 어울리는 색감으로 직접 페인팅해서 사용 중이다.
보관함_왕레몬 하우스

직접 만들어준 원목칠판. 길이가 긴 원목의 자를 함께 매치했더니, 아이들 여럿이 앉아 칠판놀이를 하기에도 유용하다.

딸아이에게 주는 선물, 칠판

하영이는 학교가 끝나면 자주 친구들을 데리고 집에 온다. 다른 어떤 놀이보다 재미있다는 칠판 놀이를 하기 위해서이다. 기다란 의자에 나란히 앉아 있는 뒷모습을 보고 있으면 저절로 웃음이 난다. 내가 어렸을 때도 학교에서 가장 재미있던 놀이 중 하나가 칠판에 낙서하기였다. 커다란 초록색 칠판에 하얀 분필로 ○○ 바보, 떠든 사람 ○○, 지각한 사람 ○○ 등을 적으며 놀았다. 집에서는 할 수 없는 놀이라서 더 재미있었는지도 모르겠다. 요즘 아이들도 엄마 어렸을 때와 다름없이 칠판 놀이를 좋아한다. 학교 칠판처럼 단순한 공식으로 네모반듯하게 만들어준 엄마표 칠판을 아이가 정말 좋아해 뿌듯하다.

칠판에 분필을 넣어둘 통과 분필 지우개를 추가로 만들어서 달아주니 더욱 쓸모 있다.

버려질 서랍을 이용한 선반형 칠판 시계와 떠먹는 요구르트 병을 재활용한 미니 핀 쿠션과 선인장 장식. 간단한 아이디어로 꾸며보는 소품들이 색다른 즐거움을 선사한다.

큰아이 초등학교 졸업 선물로 마련해준 핑크
기타. 인테리어 소품으로도 너무 멋진 아이템
이다.

원목패널을 가로로 설치했다. 화이트로 페인팅을 해서 시각적으로 넓
어 보이는 효과를 주었다. 핑크와 블루로 라인을 주어 심심하지 않은
벽면을 연출했다.

수납장 사진과 문 열었을 때의 모습

- 원목 수납장은 기존의 가구 높이를 낮춰 리폼해주었다.
- 기존의 가구도 아파트 재활용장에서 가져다가 내 스타일로 리폼해서 사용하고 있던 것이다.
- 앞의 유리문을 떼어 버리고 새롭게 제작했더니 구입한 원목 가구 부럽지 않다. 수납 시스템
  도 위아래로 나누어 사용상의 편의를 높여 주었다.
- 문의 크기를 언밸런스하게 만들어주어 디자인에 포인트를 주었다. 큰 문에는 보일 듯 말듯
  유리를 넣어주어 답답하지 않게 했다.
- 수납장 문을 열면 아이의 온갖 잡동사니들이 총망라되어 있어 깜짝 놀랄지도 모르지만 문을
  닫으면 동화 속에 등장하는 멋쟁이 가구로 변신한다.

The story of
happy owl family
그래픽 스티커는 자칫 잘못 사용하면 산만해 보이는 단점이 있다.
노란 벽 코너에는 그래픽 스티커의 일부만 사용해서 생동감을 주었다.
그래픽 스티커_상상후 부엉부엉 패밀리
미니 스툴_피아노 의자를 리폼
벤자민무어 페인트 네추라_Buxton Blue(블루 계열), Weston Flax(옐로우 계열)

아이방 꾸미기에 적절한 컬러는 블루와 옐로우 그리고 핑크

블루 컬러는 남자아이 방에 사용하는 색상이라는 고정관념을 버렸다. 블루와 옐로우를 메인 컬러로 사용하고 핑크색 소품을 적절히 매치하여 여자아이 방을 꾸며주었다. 상단은 블루로 페인팅해서 차분한 느낌을, 하단에는 밝은 옐로우를 선택해서 화사한 인테리어를 연출했다. 군데군데 보이는 핑크색 소품들이 사랑스러운 느낌을 더해준다.

빈티지패치 침구_그녀들의 공간
크로쉐레이스 코튼발매트_그녀의 하루(베이비핑크)

기존 가구의 높이를 낮춰 리폼한 원목가구.

- 방문 뒤의 숨어 있는 공간을 활용해보았다. 방문을 열어두면 숨바꼭질하듯 사라졌다가 방문을 닫으면 짠하고 등장하는 비밀 수납걸이가 된다.
- 각재로 틀을 만들어 간이 수납꽂이를 만들어서 박아주었다. 수납걸이가 움직이지 않도록 문에 밀착시켜 고정하는 것이 요령이다.
- 좁은 공간이라서 책장을 놓는 대신 선택한 원목 수납걸이가 아주 유용하다. 아이 교과서나 학습지 색연필, 사인펜 등을 수납하기 좋다.

좁은 아이방에 침대를 놓다

아이방에 침대를 놓아주고 싶었다. 다만, 방이 좁아 수납도 되어야 하고, 크기가 커서도 안 되었다. 시중에서 판매되는 침대들은 수납 조건이 맞지 않아 내가 찾는 스타일이 아니었다. 그러던 중 버려진 소파 프레임을 발견했는데 하나는 등받이, 하나는 바닥판이었다.

이 프레임을 본 순간 내가 원했던 침대를 만들 수 있다는 생각이 번뜩 들었다. 워낙 좁은 방이라서 책장을 활용해서 침대를 만들어주면 수납공간이 서랍형 침대보다 훨씬 넓어진다. 네 귀퉁이의 각재와 침대 상판 목재만 추가로 구입해서 저렴하게 평상형 수납 침대를 만들었다.

무거운 매트리스 대신 폭신하고 가벼운 스펀지를 동네 이불 가게에서 구입해 커버를 만들었더니 간이 침대로

버리려던 책상과 주워온 소파 프레임으로 만들어준 아이방 평상 형 수납 침대.

하영이가 친구들과 보드게임도 하고 다양한 놀이도 할 수 있다. 평소에는 스펀지를 치워줄 일이 거의 없지만, 나무가 주는 상판의 느낌이 너무 좋다.

사용하기에도 손색없다. 스펀지를 치워내면 평상처럼 사용할 수 있는 공간으로 변신한다. 침대 상판을 들어 올리면 아이들 계절 옷이나 부피가 큰 물건들도 넣어 보관하기 좋을 만큼 넓은 공간이 나온다.

책장의 칸 덕분에 공간을 나누어 활용하기 편하다. 1년에 두 번 정도 아이들 계절 옷 정리할 때만 열기 때문에 그리 불편하지는 않다. 좁은 아이방을 꾸밀 때 하나의 가구로 다양한 기능을 가진 가구를 선택하면 더욱 효율적으로 공간을 활용할 수 있다.

상판에서는 놀이를 즐길 수 있고 상판을 들어 올리면 어느새 수납공간으로 변신한다. 계절 옷 정리하기에 딱이다.

아이방의 미니 책상도 작은 사이즈라서 이동이 쉬워 침대 앞쪽에 놓아주면 한 명은 침대에 걸터앉고, 다른 한 명은 반대쪽 원목 스툴에 앉아서 간단한 책읽기나 놀이를 즐길 수 있다.

창에는 격자창을 붙여서 아늑한 분위기를 연출했고, 원목 창을 시공해서 동화 속 같은 분위기와 빛 조절도 가능하게 했다.
루버창_우드림

평범했던 아이방 조명을 노란 별이 반짝반짝하고 블루빛이 나는 조명으로 셀프 교체해서 방 분위기를 업그레이드해주었다.
캐빈램프_키즈 스카이드림/블루

빈티지블루 & 내추럴한 분위기로
짜임새 있게 꾸민 주방

—

신혼 초에는 요리라고는 라면만 겨우 끓이는 정도였다. 신혼이라는 입맛으로 어떤 음식을 해주어도 맛있게 먹던 남편의 모습이 기억난다. 결혼 16년차, 베테랑 주부는 아니라서 아직도 요리책 뒤적이고 인터넷으로 레시피 찾아가며 아이와 남편을 위해 주방 여기저기를 뛰어다닌다. 가끔은 남편이 설거지도 해주곤 하지만, 밥을 먹거나 냉장고에서 먹을거리를 꺼내는 일을 제외하고는 오롯이 나를 위해 존재하는 공간, 바로 주방이다.

모든 주부들이 '나의 주방이 예뻤으면 좋겠다'는 바람을 가지고 있을 것이다. 왠지 예쁜 주방에서 요리를 하면 평범한 요리도 더 맛있을 것 같다. 영 틀린 생각은 아니다. 예쁜 주방에서 즐거운 마음으로 요리했는데, 맛이 없을 리가 있겠는가?

나무 느낌 가득한 주방 꾸미기

항상 마음에 드는 그릇을 구입하면 싱크대에 곱게 모셔두는 버릇이 있다. 손님을 위해, 사진을 찍기 위해 단정하게 정리가 되어 있는 걸 좋아하는 편이지만, 주방 공간만은 마구 늘어놓아 볼 요량으로 과감하게 스테인리스 건조대를 치우고, 원목 컵 건조대와 화이트 식기 건조대로 교체해주었다. 주방 세제함과 조리도구 보관함, 양념 선반도 모두 원목으로 만들어 통일감을 주고, 두꺼운 각재를 미니 선반처럼 활용해서 자주 사용하는 각종 컵과 트레이, 접시들을 올려두니 그 자체로도 새로운 오브제가 되기도 하며, 손만 뻗으면 닿는 그릇들의 사용빈도도 늘었다. 원목이 물에 상하지 않도록 방수 코팅 작업은 필수다.

화이트 식기 건조대, 레이스 접시, 트레이_그녀의 하루
줄무늬와 도트 무늬 블루 볼, 사각 핸들 그라탕기_걸스키친에서 구입한 스튜디오 엠 제품
화이트 커피잔_리비에라 메종 제품

점점 대용량으로, 대용량으로

냉장고가 커지고 있다. 해마다 새롭게 출시되는 냉장고는 용량을 늘려 제품을 선보인다. 용량이 늘어남에 따라 가격도 함께 사악해져서 안타깝기는 하지만, 사용해보니 용량이 큰 냉장고가 좋긴 좋았다. 하지만 용량이 커질수록 냉장고의 옆면 또한 부담스럽게 넓어지고 있어서 인테리어에 방해가 되었다. '냉장고 옆면만 가려줘도 훨씬 보기 좋을 텐데.'

그래서 냉장고 옆에 가벽을 세우고 나란히 놓여 있던 김치냉장고 가리개를 함께 제작해서 연결해주었다. 김치냉장고 가리개에는 바퀴를 달아서 필요시에는 열 수 있도록 디자인했다. 김치냉장고 가리개는 또 하나의 캔버스가 된다. 그래픽 스티커를 붙이기도 하고, 스텐실로 포인트를 주기도 하고, 맘에 드

액자_인그리고 아트프레임/아이러브커피

원목 양면 시계. 하마미의 원목 양면 시계라는 이름으로 페인트인포에서 판매되고 있다.

는 액자를 걸어 심플하게 꾸밀 수도 있다. 가벽은 미니 선반처럼 활용하면 되는데, 원목으로 작은 가리개 문을 만들어 경첩으로 연결해주면 지저분한 용품들을 가려줄 수 있다. 맨 아래칸은 달력이나 자주 보는 잡지책 등을 수납할 수 있어 편리하다. 김치냉장고의 옆면은 고방유리가 들어간 심플한 디자인의 3단 유리 수납장을 만들어 수납도 하고, 가리개의 역할도 할 수 있는 1석 2조의 맞춤 가구로 사용하고 있다.

지저분한 용품들을 수납한다.

자석 고정쇠로 문을 잡아주어 깔끔하게 가려준다.

선반 아래칸에는 달력, 잡지 등을 수납한다.

김치냉장고 가리개는 필요시에 열 수 있도록 바퀴를 달아준다.

fish
Wine

싱크대 상부장을 없애면 얼마나 시원할까?

멋진 주방 인테리어를 보면 모두 싱크대 상부장이 없다. 일단은 집이 넓어야 가능한 인테리어로 우리 집처럼 좁은 주방에서는 그 많은 주방 살림의 수납을 감당하기란 어렵다.

상부장 전체가 안 된다면, 주방 창 위쪽의 싱크대 상부장 일부만이라도 떼어내 보자며 소심하게 도전해보았는데, 효과는 기대 이상이었다. 전체가 아니라 일부만 제거해줘도 공간이 훨씬 넓어 보이는 효과가 있으니 과감하게 도전해볼 만하다.

후드의 대변신. 스테인리스 소재의 후드도 금속 전용 페인트를 이용해서 유럽풍 화이트 후드로 리폼해주었다.

떼어낸 상부장 벽면은 원목패널로 마감하고 멋스러운 원목 선반을 달았다. 예쁜 커피잔을 쪼로록 나열해 장식해주면 수납도 인테리어도 모두 충족시킬 수 있다.

부족한 수납공간의 확보

싱크대 상부장이 없어지며 생긴 부족한 수납을 해결하기 위해 기존의 대리석 식탁을 치우고, 아일랜드형 식탁을 선택했다. 가지고 있던 수납장을 재활용하여 만들었다. 상판의 타일과 목재 비용이 추가로 들었지만, 최소 비용으로 최대 효과를 얻어낸 작업이다. 수납장의 위쪽은 서랍형으로 레일을 설치해 커피나 차 종류를 수납하고, 아래쪽에는 큰 접시와 밀폐 용기등을 보관한다. 부족했던 주방 수납을 해결한 효자 아이템!

타일 꼭 있어야 할까

고정관념을 깨는 일은 쉽지 않다. 싱크대가 놓인 주방 벽에는 왠지 타일이 꼭 있어야만 할 것 같다. 물을 많이 사용하는 주방의 특성상 마감만 잘할 수 있다면 타일이 아니어도 무방하다. 과감하게 타일 대신 원목패널을 설치했는데, 빈티지스럽게 페인팅했던 싱크대와 잘 어울려 주방의 분위기를 한층 업그레이드되었다.

타일을 없애고 원목패널을 설치해 빈티지 느낌을 강조했다.

나의 위안이자 휴식

스테인리스 빛 캔버스는 나의 위안이자 휴식이다. 네모나고 차가운 캔버스 위에 붙인 아날로그적인 감성이 느껴지는 흑백 포토엽서들을 마주할 때면, 잊고 살았던 하늘을 문득 보았을 때의 감성이 되살아난다.

유럽의 카페 거리가 되기도 하고, 나의 요리 실력으로는 풀어낼 수 없는 세계 곳곳의 맛있는 레시피가 쓰이기도 한다.

컴퓨터에 저장해 두었던 멋진 사진이나 그림들이 있다면 출력해서 넘쳐 나는 광고책자의 자석띠를 재활용해서 붙여보자. 칠판 시트지를 적당한 크기로 잘라 잊기 쉬운 우유의 유통기한 등을 적어도 좋다. 문득문득 마주치는 캔버스 위의 엽서들이 잊고 있었던 여러분의 감성을 깨워줄지도 모를 일이다.

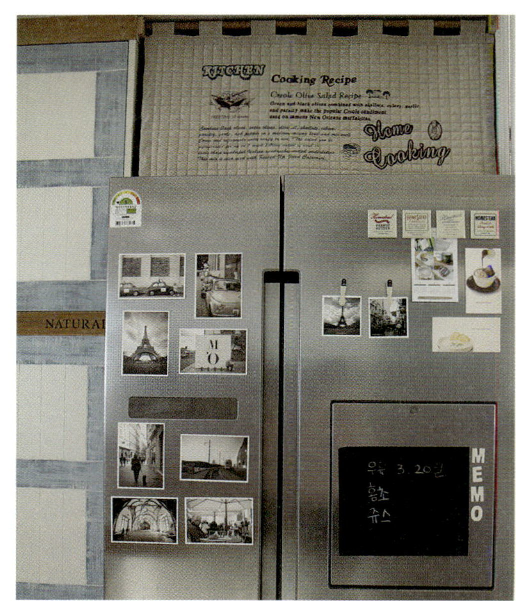

- 냉장고 윗부분의 빈 공간에는 냉장고 가벽과 싱크대 벽면에 지지대를 박아주고, 버리려던 서랍장의 상판을 선반으로 제작해서 넣어주었다.
- 의외로 큰 판재가 필요한데 목재를 일부러 구입하는 건 큰 지출이 될 수도 있다. 재활용을 할 수 있다면 적극 활용해보자.
- 부피가 큰 각티슈나 휴지, 김치통 등 부피가 큰 물건을 보관하기에 아주 훌륭한 공간이다.
- 앞면은 커튼 봉을 잘라 재활용하고 누빔 커트지를 구입해서 테두리를 박고 고리를 만들어 가리개를 제작해 가려주니 감쪽같다.

북쪽 주방에 빛을 주다

주방이 북쪽을 향해 있다 보니 빛이 잘 들지 않는 단점이 있다. 대부분의 아파트 주방에는 보통 작은 창이 하나씩은 있다. 주방에 한 줄기 빛을 선물하는 고마운 창이지만, 우리집의 경우 앞 동과의 거리가 가깝다 보니 꼭 가려주어야 할 숙제였다.

한 번의 시행착오를 거쳐서 보기에도 깔끔하고 아늑한 주방

원목 창이 주방의 부족한 빛을 더해주고 있다.

분위기를 연출할 수 있는 원목 창을 만들었다. 접이식으로 만들어서 필요시에는 언제든 활짝 열어주면 부족한 빛을 맘껏 누릴 수 있다.

싱크대의 탈바꿈

하이그로시 재질의 평범했던 싱크대를 빈티지스럽게 페인팅해서 주방에 특별함을 더했다. 조각칼로 일일이 파서 패널의 느낌을 입체적으로 표현했고, 조금은 독특하게 거친 붓으로 결을 살려서 페인팅해주었다.

나름 빈티지스타일을 표방하며 리폼했던 싱크대는 상단에 칠판 페인트로 포인트를 주어 언제든 원하는 그림으로 바꿔 그려 주방에 변화를 줄 수 있다. 주방 벽의 타일이 다양한 색상이면 다소 복잡해 보일 수도 있겠지만, 벽을 화이트 원목패널로 깔끔하게 정리해주고 나니 빈티지 싱크대가 더욱 돋보이는 효과를 얻었다. 변화를 주고 싶을 때는 싱크대나 원목패널 벽에 다른 색상으로 페인팅을 해줘도 좋을 듯하다.

Hamami's
Lovely House

Wine
NATURAL
KITCHEN
Cooking Tips

빈티지 포스터 액자_빈페이퍼 제품
주방 조명_샛별하우스

잡지에 나오는 주방으로 변신

주방의 메인 컬러는 블루를 기본으로 했다. 원목패널을 가로로 설치해 시각적으로 넓어
보이는 효과를 주고 페인트 색상 선택에 신중을 기했다. 회색빛이 도는 연한 블루 색상
은 프로방스풍 창과 어색하지 않게 어우러진다. 욕실 옆 벽면과 나란히 이어지는 주방식
탁 옆 벽면을 같은 디자인과 색상으로 통일해주어 넓어 보이면서도 세련된 인테리어를
연출했다. 포인트로 빈티지 포스터 액자를 걸어 심심하지 않은 벽 꾸밈을 완성했다.

나무 향기 가득한
베란다 꾸미기

—

오래된 아파트를 구입하면서 거실을 조금 더 넓게 사용하고 싶은 마음에 베란다 확장을 고민했었다. 비용 면에서 부담이 되어 포기한 것이 사실이지만, 결과적으로 보면 그대로 두어 독립된 공간도 확보하고 다용도로 활용하고 있으니 잘한 선택이었다.

요즘은 대부분의 아파트가 베란다 공간을 많이 없애는데, 작은 평형대일수록 공간을 나누어서 사용할 필요를 느낀다.

베란다를 잘만 꾸미면 창으로 들어오는 햇살을 맘껏 누리며 예쁜 화분들과 함께 차 한잔도 즐길 수도 있고, 충분한 수납공간도 확보할 수 있는 플러스 알파의 공간이 된다. 나에게 있어 베란다는 지친 일상에 숨고르기 같은 여유를 선사해주는 힐링 장소이다.

베란다의 문제를 찾아내어 대 변신

베란다를 확장하지는 않았지만, 거실의 확장형 개념으로 활용하고 싶었다. 그런데 누수 현상이 심해 초기에 깔았던 데코타일을 모두 뜯어내야만 했다. 볼 때마다, 누수를 어떻게 해결할까 고민 또 고민했다. 장마철이면 잔뜩 고인 물을 닦아내는 것이 일상이

• 원단도 직접 고르고, 디자인도 직접 해서 더욱 애착이 가는 사랑스러운 핑크빛 커튼이다.
• 아파트마다 설치되어 있는 흔한 버티컬을 없애고 수납장을 놓아 상단에만 커튼을 설치했다.
• 전체를 연결하는 커튼 방식이 아닌 칸칸이 나누어지는 가리개 방식으로 때로는 각각 묶어서 연출하기도 한다. 커튼 앞에 포켓을 달아주어도 멋스럽다.
맞춤 핑크 커튼_코지코튼

었는데, 베란다 누수의 원인이 에어컨 실외기 때문에 뚫은 외벽의 문제임을 알게 되었다. 아파트 관리사무소 아저씨의 조언을 받아 에어컨 호수 외벽의 구멍을 토끼코크(본드)로 메워 누수 현상을 해결했다. 벽면에는 다양한 소품들로 장식한 칸칸수납장을 만들어 포인트를 주었고, 바닥에는 나무향 가득한 적삼목 데크를 깔아 베란다를 독립된 공간이 되게 했다. 또한 넉넉한 수납장을 두어 실용성까지 놓치지 않았다.

누수 현상을 해결한 후 적심목 데크를 깔았다. 맨발로 밟는 느낌이 참 좋다.

- 가지고 있던 소품들의 크기에 맞춰서 일일이 칸을 나누어 주었더니 맞춤 수납장이 되었다.
- 크기가 제각각이던 작은 소품들이 멋진 ㅡ무 집에 자리를 잡음으로써 멋진 벽면이 연출되었다.
- 수납장 뒷벽에는 일일이 방수 작업을 한 패널을 설치하고, 아파트마다 있는 물기둥은 각목과 패널을 이용해 가려주었다.
- 커트지를 이용해서 반원형으로 만들어즌 차양이 카페 분위기를 물씬 풍기게 한다.

Hamami's
Lovely House

도톰한 삼나무 책장을 가로로 눕혀서 원목 다리를 달고, 문을 달아 캐비닛 느낌이 나는 수납공간을 마련했다. 각종 페인트와 도구 등 DIY 작업에 필요한 자재들이 총망라되어 있는 넉넉한 크기의 수납장이다.
삼나무 책장_파파나무

작업 도구들이 쏘옥, 맞춤 공간을 찾다

따로 작업실을 갖추고 있는 것이 아니다 보니 베란다의 한쪽 창고는 각종 자재와 목재들로 가득 찼다. 최대한 깔끔하게 정리하려고 하지만 도구들이 늘다 보니 쉽지 않았다. 명색이 집 안 꾸미기의 달인인데, 작업 공간이 이렇게 지저분해서야 말이 안 되었다. 창고 공간의 대변신에 돌입했다. 오래된 벽지로 대충 가려놓았던 창고 문에는 패널을 박고, 민트빛으로 페인팅을 해 생기를 더했다. 감추고 싶었던 공간이 남들에게 자랑하고 싶은 공간으로 변신했다.

버티컬을 제거하고 화이트 블라인드를 설치했다. 창고 문의 민트빛과 어울려 모던하면서도 시원한 느낌이 든다.
리빙텍스_노블쉐이드

실속 있게 꾸민
세탁실 인테리어

—

요즘 새로 짓는 아파트들은 주방 베란다에 수납 선반도 따로 있고, 구석구석 쓸모 있게 꾸며져 있지만 지은 지 오래된 우리 집 주방 베란다에는 아무것도 없는 그야말로 썰렁한 상태였다. 특히, 세탁실은 외벽과 닿아 있는 데다 창틀도 오래된 것이라 겨울이면 세탁기 배관이 꽁꽁 얼기 일쑤였다. 지난 겨울에는 유리에 붙이면 실내온도를 높여준다는 일명 '뽁뽁이'를 창문에 붙여 효과를 보았다.

오래된 아파트를 구입할 때 셀프로 할 수 없는 창 교체 비용은 미리 예산을 세워두는 것이 좋다.

세탁기 위 공간의 실속 있는 탈바꿈

더운 여름에는 온가족의 옷가지들로 매일매일 쉼 없이 돌아가는 세탁기. 내가 중학생 때는 집 앞 개울가에서 맨들맨들한 돌멩이 위에서 팡팡 두들겨 옷과 실내화 등을 빨았던 기억이 있는데, 세탁기라는 가전제품이 있어 주부들의 생활이 훨씬 편리해진 건 사실이다.

겨울이 아니라면 크게 문제될 것이 없는 공간이다. 보기에도 차가워 보이는 스테인리스 샤시에 목창을 만들어서 가려주었더니, 눈으로 느껴지는 체감 온도가 5℃는 상승한 듯하다.

- 직접 만들어준 빨래 수납함과 재활용 분리수거함 덕분에 심플하면서도 정리정돈이 잘된 세탁실로 탈바꿈했다.

- 다른 공간보다 조금 높은 천장 덕분에 포인트로 조명을 길게 늘어뜨렸다.
  전체적으로 옅은 옐로우 색상으로 페인팅하고 짙은 브라운 컬러를 매치해서 차분한 분위기를 연출했다.
- 움푹 들어간 빈 벽에는 선반을 만들어서 넣어주고 문을 달아, 각종 세탁용품들을 수납한다.
  포인트로 사용한 칠판 페인트 위에 분필로 수납한 종류를 적어두니 훨씬 유용하다.
- 세탁실 조명_마켓비 미루팬던트

요즘 아이들은 해본 적이 없어 빨래도 할 줄 모르는 어른으로 자라게 될까 걱정스러울 때가 종종 있다. 가끔은 자기 속옷이나 운동화, 학교 실내화도 손수 빨아보도록 해야겠다.

문을 앞으로 여는 방식의 드럼세탁기가 보편화되면서 세탁기 위는 활용하기 좋은 공간이 되었다. 공간이 넓다면야 굳이 그 공간이 아쉬울 리가 있을까 마는 좁은 집을 잘 활용하려면 비어 있는 공간을 항상 잘 활용해야 하는 법이다.

우리 집의 경우 세탁기 위 공간은 뒤쪽이 벽이 아닌 유리로 되어 있어 수납장을 바닥부터 짜주어야 했다. 칸칸 선반을 넣어주고 세탁용품과 각종 캔 제품이나 보관이 필요한 물품들을 수납해두니 보기에도 깔끔하고 곳곳이 유용한 세탁 공간이 되었다.

세탁실의 수납장을 만들 때에는 습기가 많은 곳이므로 목재의 방수작업에 신경을 써서 작업해야 곰팡이 걱정 없이 오래 사용할 수 있다.

아파트라는 공식 안에 사는 한 '형태의 한계'를 벗어나기란 쉽지 않다. 똑같은 구조, 똑같은 벽, 똑같은 문….

누군가는 넓고 화려한 집을 꿈꿀 것이고, 또 누군가는 마당이 있는 소박하고 작은 집을 꿈꿀 것이다.

인테리어 디자이너의 집처럼 화려하지는 않지만 나의 집은 좁지만 온가족이 편히 쉴 수 있는 공간이어야 하며, 각 공간마다 이용하기에 불편함이 없는 가구들로 채워져야 한다. 또한 그들끼리의 어우러짐이 자연스럽기를 바란다.

조금은 빠뚜름한 구석이 보이더라도 나의 정성이 담뿍 담긴 공간이기에 조금 더 가치를 주어본다.

before

after

picco
Single

2
Hamami's Levely House
목공 DIY의
모든 것

DIY
목공 이해하기

—

DIY란? do it yourself의 약자로 사용자가 직접 원재료를 구입해 원하는 물품을 만들어서 사용하는 것을 뜻한다.

요즘은 개성이 있는 나만의 공간을 꾸미고자 하는 소비자들의 수요가 급증, 인테리어 DIY 시장이 커지면서 온라인 쇼핑몰을 이용해 집에서도 쉽게 DIY 재료들을 구입할 수 있다.

DIY 목공 작업 과정

1_ 설계(디자인)하기

목공 작업의 시작은 무엇을 만들지, 디자인은 어떻게 할지를 그림으로 그려 보는 과정
이다. 작은 소품의 경우는 특별히 설계를 할 필요는 없지만, 책상이나, 옷장, 수납장 등
의 덩치가 있는 가구는 미리 설계를 해서 필요한 목재와 수치를 계산할 필요가 있다.
DIY 목공 작업에서 가장 시간이 많이 걸리고 머리도 아픈 작업이지만, 설계를 잘해야
필요한 목재도 정확히 주문하고 오차 없이 만들 수 있으므로 생략해서는 안 된다.

  만들 가구의 가로, 세로, 폭을 정하고 목재 수치를 계산할 때는 목재의 두께를 항상
염두에 두어야 한다. 예쁘고 반듯하게 그릴 필요는 없고, 본인이 알아볼 수 있도록만
그리면 된다. 큰 테두리의 목재 수치부터 계산하고 필요한 작은 목재의 수치를 추가로
계산하면 된다. (요즘은 리폼 사이트에서 목재 절단은 서비스로 해주니 수치를 정확히 계산해
재단 서비스를 받도록 하자. 나의 경우 큰 목재는 재단 서비스를 받고, 작은 목재는 직접 잘라서
조립하는 경우가 많다.) 문이 달린 가구를 만들 때에는 문이 들어갈 공간의 위, 아래, 좌,
우 모두 2mm 정도의 여유를 두고 문의 크기를 책정한다. 목재는 전체적인 큰 틀을 먼
저 계산하여 주문하여 선제작한다. 그 후 디테일한 부분을 추가로 주문하여 만들면 조
립 과정에서 생기는 오차를 줄일 수 있다.

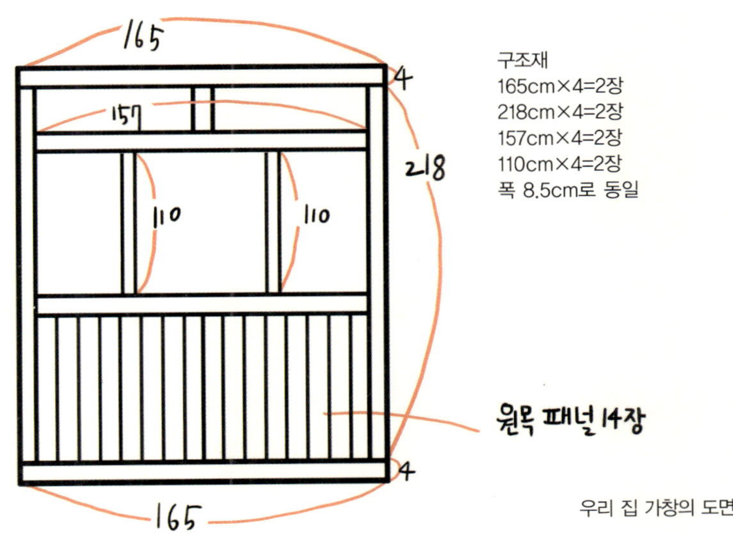

우리 집 가창의 도면

2 _ 목재 선택하기

설계한 가구에 적당한 목재를 선택하는 과정이다.

목재의 종류

- **원목**_특별한 가공을 하지 않은 목재. 나무 본연의 아름다
움과 옹이가 살아 있지만, 계절에 따라 공기 중의 수분을
흡수해서 수축과 팽창이 반복적으로 발생한다. 가정에서
DIY용으로 사용하기 까다로운 편이다.

- **집성목**_원목의 가공성을 조금 더 쉽게 하기 위해서 핑거조
인트와 솔리드 방식으로 붙여서 만든 목재. 미송 집성목,
레드파인 집성목, 삼나무 집성목, 스프러스 집성목 등이
있다. 모두 소프트 우드에 속하지만, 가정에서 DIY 하기에
는 가공성이 용이해서 보편적으로 많이 사용한다.

> **TIP** **미송 집성목:** 가구를 만들 때 일반적으로 쓰이는 목재다. 수축, 팽창은 있지만 약간의 여유분을 주
> 고 만들면 무난하게 사용할 수 있다.
> **스프러스 집성목:** 미송보다는 살짝 무르지만 나뭇결이 뽀얗고 색상이 환해서 테이블 상판 등에 적
> 당하다.
> **삼나무 집성목:** 상대적으로 많이 무르고 가볍다. 튼튼한 가구를 만들기에는 적당하지 않으며, 작은
> 소품이나 소품 가구에 적당하다.

- **합판**_얇게 만든 나무를 여러 장 겹쳐서 만든 목재. 수축,
팽창에 강해 가구의 뒤판, 서랍 등에 사용되며, 가격이 저
렴하다.

- **MDF**_나무의 섬유 조직을 추출하여 아주 세밀하게 가루
를 내서 압축시켜 만든 목재.

- **구조재(구조목)_** 건조재로 뒤틀림이나 변형이 적고 강도가 크기 때문에 골조용으로 사용되는 목재. 거실 가창이나 냉장고 가벽 등 튼튼한 테두리를 만들 때 사용한다.

- **집성 각재_** 두께가 있는 목재. 주로 테이블 다리나 책상 다리에 사용한다.

3_ 재단하기

큰 사이즈의 목재는 집에서 힘들게 재단하지 말고 리폼 사이트에 재단을 의뢰해보자. 훨씬 간편하게 가구를 만들 수 있다. 하지만 100% 재단 서비스를 이용할 수 없으므로 재단에 필요한 수동, 전동 공구를 알아보도록 하자.

- **자, 연필_** 선을 긋거나 비교적 짧은 길이를 잴 때 주로 사용한다.
- **줄자_** 큰 가구나 공간의 길이를 측정할 때 유용하다.
- **톱_** 목재를 직선으로 자를 때 사용한다. 선을 그은 후 선대로 자르면 톱의 두께만큼 목재가 잘려나가 미세하게 작아진다.
- **마이터 박스_** 목재나 몰딩을 정확한 각도로 절단할 때 사용하는 수동 공구. 마이터 박스를 작업대에 고정하고 자르면 조금 더 편하게 각도 절단을 할 수 있다.

자, 연필

줄자

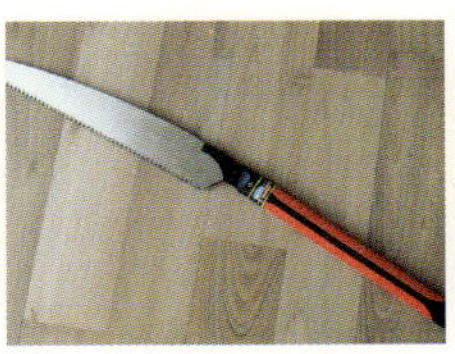

톱

마이터 박스

매직실톱

직소기

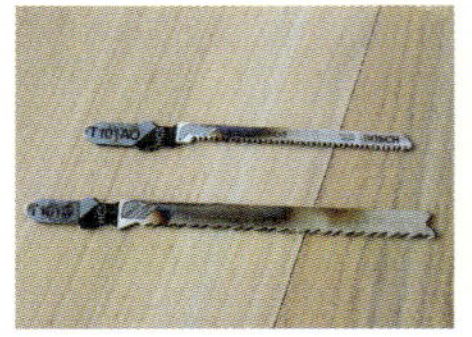
직소기 날_곡선과 직선의 날

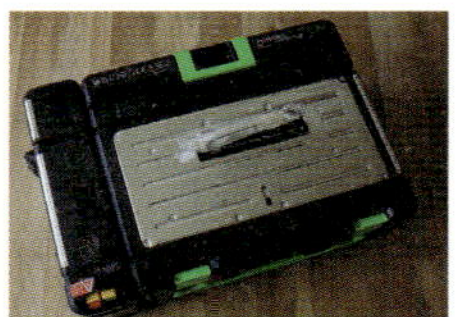
파워 워크샵

- **매직실톱_** 세밀한 커팅이나 곡선 부분을 자를 때 아주 유용하다. 하지만 직선을 자를 때는 사용하지 않도록 하자. 톱의 폭이 좁아서 똑바로 자르기 어렵다.

- **직소기_** 목재를 절단하는 전동 공구. 톱의 기능과 같은데, 전기의 힘으로 조금 더 빠르게 절단한다고 생각하면 된다. 직선 날, 곡선 날을 교체해서 직선과 곡선을 자를 수 있다. (나는 인터넷으로 2만 원대 직소를 구입하고 날을 보쉬 제품으로 교체해서 사용하고 있다. 톱만 사용해서 목재 절단을 하다가 직소를 구입하고, '왜 이제야 구입했을까' 후회했던 기억이 난다. 소음이 있으므로 아파트라면 사용시 주의해야 한다.)

- **파워 워크샵_** 드릴, 원형 톱, 직소, 랜턴이 하나의 작업 테이블 박스 안에 갖추어진 공구 박스. 소음 면에서는 직소와 비슷하지만, 원형 톱을 이용하면 직소보다 훨씬 빠른 절단 속도와 직소로 하기 힘든 목재를 얇은 폭으로 재단할 수 있어서 아주 유용하다. 리폼 사이트에서도 얇은 폭의 재단은 불가능하므로 방문에 유리를 끼울 때, 창틀 부분 만들기에 아주 유용하다. 목수가 공구 탓을 하면 안 된다지만, 확실히 좋은 공구가 있으면 작업이 훨씬 쉬워진다. 큰 목재의 경우는 리폼 사이트에 절단을 의뢰하고, 정교함을 요하는 작은 목재의 경우는 보통 파워 워크샵으로 직접 재단하는 편이다.

4 _ 조립하기

목재의 재단이 끝났으면, 가구의 형태를 갖추어 조립한다.

- **목공 본드 _** 조립하는 모든 과정에 빠지지 않고 발라 주어야 튼튼한 가구를 만들 수 있다.

- **실리콘 _** 용도 별로 다양한 실리콘이 있지만 내가 주로 사용하는 것은 파텍스 수성 실리콘이다. 원목패널의 접착이나 유리면에 접착할 때 등, 강력한 접착력을 필요르 할 때 사용한다.

- **못, 망치 _** 가장 대중적으로 사용하는 도구이나, 나사못 작업에 비해서 유지력이 떨어지므로 추천하고 싶지는 않다.

- **드라이버, 나사못 _** 목재의 연결에는 나사못 작업을 해주어야 튼튼하다. 다양한 길이의 나사못을 갖추고 있어야 다양한 목공 작업에 유용하다.

- **전기타카 _** 전기타카가 있으면 목공 작업이 한결 편리하다. 무게가 많이 나가는 견그한 작업을 필요로 할 때는 나사못 작업이 필요하지만, 대부분의 목공 작업은 전기 타카로 가능하다. 큰 가구를 작업할 때도 나사못 작업을 하기 전에 전기타카로 먼저 박아 형태를 잡아주면 나사못 작업이 한결 수월하다. 종류는 실타카, 나일러, 스테플러가 있다. 실타카의 경우 타카 심이 가늘어서 박은 티는 많이 안 나지만 좀 약한 편이다. 나일러는 타카 심이 실타카보다 굵어 힘은 세지만, 박은 티가 많이 난다. 스테플러는 ㄷ자 형태로 타카 심이 박혀서 뒤판이나 가구 발판을 박을 대 주로 사용된다. 각자의 필요에 따라서 필요한 타카를 구입하면 된다. 나는 주로 전기 실타카를 사용한다. 힘이 약한 편이라 중간에 세 번 정도 수리를 맡겼지만, 목공 작업의 필수 공구이다.

- **전동드릴 _** 드릴은 충전식 드라이버인 전동드릴과 해머드릴이 있다. 충전식 전동드릴은 12~15V의 리튬이온 배터리를 사용한 제품이 손목에 무리도 없고 무난하다. (손으로 조이는 드라이버의 기능을 힘들이지 않고 할 수 있는 공구로 생각하면 된다. 추가로 목재에 구멍도 뚫을 수 있다. 숫자가 커질수록 힘은 좋아지지만 무겁다. 목공용으로 사

목공 본드

실리콘

못, 망치

드라이버, 나사못

전기타카

전기타카 핀(실타카)

전동드릴

다양한 비트들

클램프, 코너클램프

용한다면 12~15V면 적당하다.) 드라이버 드릴비트, 보링비트, 홀쏘, 이중기리, 목공용 드릴비트 등 목적에 맞게 비트를 교체하여 다양한 목공 작업을 할 수 있다.

해머드릴은 콘크리트 벽면에 구멍을 뚫을 수 있는 공구이다. 콘크리트용 드릴 비트를 척 핸들을 이용해서 장착하여 구멍을 뚫고, 칼브럭을 박고 나사못을 박는다. 대부분 충전식 드라이버 전동드릴과 해머드릴을 혼동하는 경우가 많은데, 목공 작업에 사용하는 전동드릴과 콘크리트 벽에 구멍을 뚫는 용도로 사용하는 해머드릴을 분리 사용하는 것이 좋다.

그 외에 작업을 수월하게 도와주는 공구들로 끌, 클램프, 코너클램프 등이 있다. 또 다양한 연결, 접합 철물(경첩, 레일, 수대, 고정쇠, 목다보, 꺽쇠, 8자 철물, T자 평철, ㄱ자 평철, 평철 등)을 활용하면 목공 작업을 더욱 편리하게 할 수 있다.

5_페인팅 및 마감하기

가구의 조립까지 마쳤으면, 만드는 사람의 개성을 드러낼 수 있는 페인팅 과정이 진행된다.

- **사포_** 페인팅을 진행하기 전에 사포로 전체적인 결을 정리해주면 깔끔한 작업을 할 수 있다. 종류는 천 사포와 종이 사포가 있다. 천 사포가 약간 비싸지만, 내구성이 좋아 사용하기 편리하다.

사포는 보통 #100, #120, #150, #180, #220, #320, #400 정도를 주로 사용하는데, 숫자가 낮을수록 거칠고, 숫자가 커질수록 곱다. 목재를 직접 구입해서 조립, 페인팅을 진행할 경우, 또는 반제의 경우 #300 이상의 고운 사포를 사용해서 전체적으로 결을 정리해주면 되고, 집에 가지고 있던 목재를 리폼하거나 더러워진 문이나 페인팅이 되어 있던 가구를 리폼하게 될 경우는 #100 정도의 거친 사포로 문질러서 벗겨낸 후 고운 사포로 다시 한 번 정리하면 좋다. 사포 작업을 조금 더 편리

하게 하기 위해서 핸드샌더나 샌더기를 이용하기도 하지만, 집에 있는 자투리 목
재를 이용해서 간단한 샌드 블록을 만들어서 사용하면 유용하다.

- **모서리용 미니 손대패 _** 마무리로 각이 있는 모서리 부분을 부드럽게 깎아준다. 사용
  요령이 필요한데, 한꺼번에 많이 깎아내면 목재가 뜯겨지므로 부드럽게 살살 여
  러 번 벗겨낸다는 생각으로 깎는 게 좋다. 대패 안에 들어 있는 칼날을 잘 드는 칼
  날로 자주 교체해야 사용감이 좋다. 모서리 대패를 잘만 사용하면 큰 공구 없이도
  비슷한 느낌을 흉내낼 수 있다. (부드럽고 깔끔한 마무리를 위해서 즐겨 사용하는데 모
  서리 정리를 한 가구와 안 한 가구는 완성도면에서 큰 차이를 보인다.)

모서리 대패 전

모서리 대패 후

목재에는 페인트와 스테인 두 가지로 색을 입힐 수 있다. 집 안에서 사용할 때는 가급적 유성 제품보다는 수성 제품을 사용하는 것이 좋다. 요즘은 수성 페인트도 보호력과 내구성이 유성 페인트에 뒤지지 않는다.

페인트와 스테인. 기본 두 가지 종류에 여러 가지 기능을 추가해서 다양한 제품으로 판매되고 있다.

페인트는 가구나 벽 등의 표면 위에 도막을 형성해서 목재가 부패나 건조로 인해서 갈라지는 것을 막아준다. 기존에 가지고 있던 가구 리폼이나 목재를 직접 구입해서 만든 가구 등 다양한 작업에 모두 사용할 수 있다. 반면, 스테인은 목재의 깊숙이 침투해서 나무 고유의 무늬를 살려주며 착색된다.

페인트가 필요한 상황과 스테인이 필요한 상황을 잘 구분해서 사용해야 한다.

그러므로 색이 입혀져 있던 가구의 리폼에는 사용할 수 없고, 나무의 결이 그대로 살아 있는 반제, 집성목이나 원목 등으로 직접 만든 가구에 사용할 수 있다.

페인트 작업

수성 페인트는 물을 섞지 않고 그대로 사용하는 것이 가장 좋지만, 농도가 너무 진하다면 물을 소량 섞어서 사용할 수 있다. 단, 물을 너무 많이 섞으면 눈물 자국 등의 주범이 되므로 가급적 그대로 사용하는 것이 좋다. 수성 페인트는 다양한 조색이 가능하다. 물론 조색제가 따로 판매되고 있지만, 아크릴 물감으로도 새로운 컬러의 페인트를 만들어낼 수 있다. 한번 조색한 색상은 다시 같은 색을 만들어내는 것이 어려우므로 대량의 페인트가 필요한 작업에는 부적당하고 포인트 색상의 페인트가 조금 필요할 때 사용하면 유용하다.

페인팅 작업 재료. 수성 페인트, 붓과 롤러, 트레이, 마스킹 테이프, 장갑

기존의 가구를 리폼하는 경우라면 초벌로 젯소(프라이머) 작업을 먼저하고 페인팅을 진행한다. 프라이머는 페인트와 접착면의 접착력을 높여주고 색상도 더욱 선명하고 예쁘게 만들어준다.

좋은 도구가 만족스러운 결과를 만들어내므로 붓과 롤러는 가능한 한 좋은 제품을 선택하는 것이 중요하다. 붓은 부드럽고 앞쪽이 사선으로 되어 있는 제품이 모서리 부분을 칠할 때도 유용하고 다용도로 사용하기 편리하다. 롤러는 가구용, 벽지용을 구분해서 사용해야 한다. 집 전체를 페인팅해야 하는 큰 작업의 경우라면 벽지용을 사용해야겠지만, 방의 포인트를 주는 작업 정도라면 가구용 롤러를 추천할 만하다. 트레이를 이용할 때는 트레이에 롤러를 충분히 문질러주어, 얇게 여러 번 칠하는 방법으로 페인팅한다.

HAMAMI's TIP | 벤자민무어의 리갈 페인트

- 가구, 벽지뿐만 아니라 내구성이 필요한 방문이나 원목패널에도 다용도로 사용할 수 있다. 별도의 바니시 마무리 작업을 하지 않아도 되는 제품이라서 편리하다.

　가구나 벽면을 페인팅할 때는 우선 붓으로 모서리 부분이나 굴곡을 먼저 칠해주고, 롤러를 이용해서 넓은 면을 칠해준다. 롤러를 이용할 수 있는 곳은 가급적 롤러로만 칠하기를 권장한다. 붓과 롤러는 반드시 마른 상태로 사용해야 하며, 세척 후 젖은 상태라면 충분히 말린 후 재사용한다. 기존 가구의 색상이 진하다면, 프라이머 2회, 페인팅 2~3회가 적당하며, 기존 가구 색상이 진하지 않다면, 프라이머 1회, 페인팅 2회 정도면 적당하다.

　페인트가 완전히 마른 후 재도장하는 것이 원칙이다. 좋은 페인트를 사용하면 마르는 시간이 단축되어 기다림의 시간이 줄어든다.

　롤러와 붓, 트레이는 페인팅 후 재도장하기까지 기다리는 시간 동안 마를 수 있으므로 랩이나 비닐로 공기가 들어가지 않도록 꼭 싸두어야 한다..

　페인팅이 끝나면 바니시 작업을 2회 이상 해준다. 바니시 작업을 하면 목재 표면에 투명한 막이 형성되어 광택이 나고 변색 없이 오래 사용할 수 있다.

바니시 제품.

　다 사용한 트레이는 깨끗이 씻어 말려 보관한다. 붓과 롤러는 깨끗이 씻어도 속 안의 페인트 찌꺼기가 남아 단단하게 굳어지는 경우가 있다. 오래 사용하려면, 깨끗이 씻은 후에 물에 담가두어 사용한 페인트가 충분히 베어나오게 한다. 두세 번 정도 반복하면 붓 안의 페인트까지 말끔하게 제거할 수 있다.

　페인트는 사용 전에 나무젓가락 등으로 충분히 섞어서 사용하고, 사용 후에는 입구를 깨끗이 닦아 완전히 밀폐한 후 직사광선을 피해 서늘한 곳에 얼지 않게 두면 2~3년 보관이 가능하다. 단, 페인트에 물을 섞지 않은 경우이다.

스테인 작업

스테인 작업은 페인트 작업에 비해서 준비 재료도 많지 않고, 작업 방법도 쉬워서 초보자들도 누구나 할 수 있다. 스테인을 스펀지나 붓에 묻혀서 가볍게 칠해주면 된다.

스테인, 스펀지, 비닐장갑, 소량의 물은 분무기를 사용하면 편리하다.

스테인을 원액 그대로 사용해도 되지만, 물을 희석해서 원하는 농도를 맞춰서 사용하기도 한다. 또는 스프레이형 분무기를 이용해서 물을 가구 전면에 전체적으로 도포한 후 스테인을 발라주면 고르게 착색된다. 스펀지는 물을 충분히 적신 후 꼭 짜서 사용하면 얼룩지지 않게 스테인을 칠할 수 있다.

1~3회 본인이 원하는 색상이 나올 때까지 반복해주면 되지만, 보통 1회만으로 원하는 색감을 내기도 한다.

스테인이 모두 마르면 고운 사포로 전체적인 정리를 해준다.

마무리로 바니시 작업을 해준다. 바니시 작업을 1회 해준 후 마르면 고운 사포로 전체적으로 샌딩한다. 바니시 작업을 1회 더 추가해줘야 완성도 높은 마무리 작업이 된다.

시중에는 스테인 따로, 바니시 작업 따로 하는 것이 시간도 많이 걸리고 귀찮기 때문에 스테인과 바니시를 한 번에 해결할 수 있는 편리한 제품도 있다.

주방이나 물을 자주 사용하는 곳의 마감재로 벤자민무어의 아버코트(목재의 질감은

스테인 작업 과정

그대로 유지시켜주면서 코팅이 됨)를 권장할 만하다. 반투명을 선택하면 목재에 색상도 입힐 수 있고, 투명을 선택하면 목재의 느낌을 그대로 살리면서 마감할 수 있다. 2회 이상 붓이나 스펀지로 칠해주면 된다. 아버코트는 실내외 원목 전용 스테인으로 바니시 작업을 따로 할 필요가 없을 뿐만 아니라 방수 기능이 좋아서 방수 작업이 필요한 주방 작업과 베란다 데크 작

아버코트.

업, 욕실 발매트 등에 사용했다. 나무 고유의 결도 그대로 살릴 수 있다.

요즘은 나무 본연의 느낌이 좋아서, 스테인 작업을 따로 하지 않고, 주로 투명 아버코트나 스테이스클리어(바니시) 제품을 2회 칠해서 마감하는 편이다. 물론, 중간에 고운 사포로 정리해주고 바니시를 추가한다. 바니시 제품은 맨질맨질한 코팅 효과를 원할 때, 대부분의 가구나 소품 등에 다양하게 활용할 수 있다.

사용한 스펀지는 깨끗이 세척한 후 말려 보관한다.

DIY 가구 만들기의
기초 동작 익히기

—

목재를 잇고 붙이고 연결하기

1_ 목재 연결하기

목공에서 가장 기본적인 작업은 목재와 목재를 연결하는 것이다.

작은 소품이나 소품 가구의 경우에는 목공 본드를 발라준 후 간단하게 전기타카를 이용해서 박아주면 되지만, 튼튼한 가구를 만들기 위해서는 나사못이나 목다보 등의 작업을 추가로 해야 한다.

[나사못으로 목재 연결하기]

목재와 목재를 박을 때는 반드시 드릴 비트를 이용해서 나사못 길을 내주어야 한다.

전동드릴에 드릴 비트를 끼워 나사못 길을 미리 뚫어준 후 드

드릴 비트.

드릴 비트로 목재에 구멍을 뚫어 나사못길을 낸 뒤 나사돗으로 박는다.

라이버 비트로 갈아 끼우고, 나사못을 박아준다. 나사못 머리가 밖으로 보이는 것이 싫다면, 이중기리를 이용해서 한 번에 해결하는 것도 좋다.

이중기리를 전동드릴에 끼워 구멍을 뚫어준 후, 나사못으로 박아주면 나사못 머리가 쏙 들어가서 가구를 깔끔하게 만들 수 있다.

빈 구멍은 메꾸미로 깔끔하게 메울 수도 있고, 목다보를 이용해서 막아준 후 목다보 전용톱으로 자르면 깔끔히 마감된다. 목재의 연결 작업에는 목공 본드 작업이 필수다.

[목다보로 목재 연결하기]

목다보는 도톰한 목재를 이용해서 가구를 만들 경우, 나사못 작업이 불가능한 경우, 조금 더 튼튼한 가구를 만들고자 할 때 사용한다.

우리 집의 경우 거실 가창 만들기, 벤치 만들기, 원목 에어컨장 만들기, 아일랜드형 식탁 만들기, 구조재를 이용한 튼튼한 틀 만들기 등에 다양하게 이용했다.

필요에 따라 사용할 다양한 굵기의 목다보와 드릴 비트, 도웰 포인트가 있으면 더 정확한 목다보 작업을 할 수 있다. 이때 사용하는 드릴 비트의 특징은 앞부분이 뾰족해서 정확한 위치에 구멍을 뚫을 수 있다.

도웰 포인트는 목다보를 이용한 가구 조립시 서로 결합하는 면의 목다보 구멍 위치가 잘 맞도록 자리를 체크해주는 철물이다.

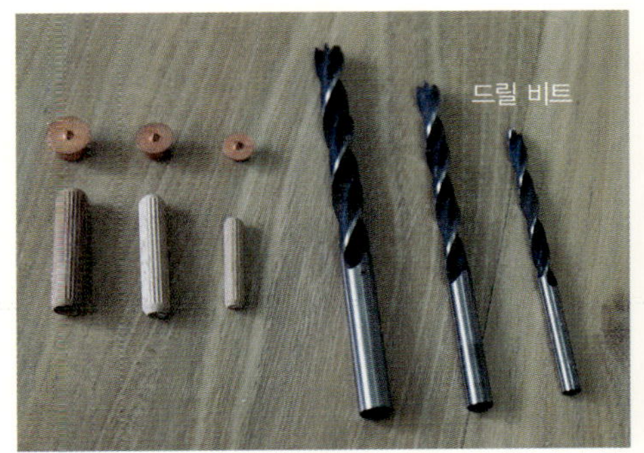

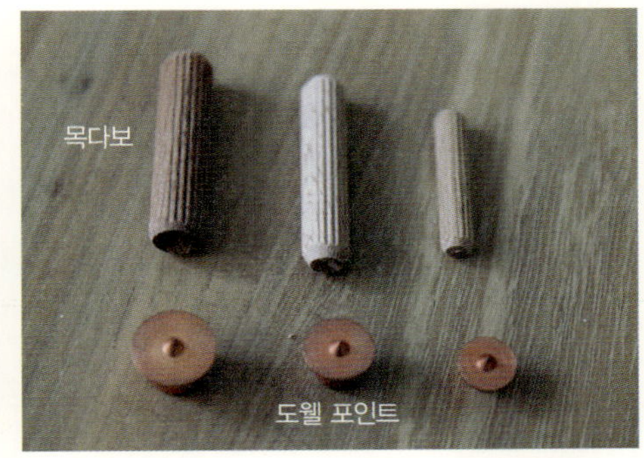

드릴 비트를 반드시 수직으로 하고 똑바로 뚫어야 정확한 작업을 할 수 있다.
목다보가 헐렁하게 끼워지면 안 된다. 뻑뻑하므로 망치로 콩콩 박아주면서 끼워야 한다.

　목다보 굵기에 맞는 드릴 비트를 장착하고 구멍을 뚫어준 후, 도웰 포인트를 끼워 반대쪽 목재에 표시를 한다. 표시된 반대쪽 목재에 드릴 비트로 구멍을 뚫고 목공 본드를 구멍에 넣고 목다보를 끼워 목재를 연결한다. 이때 목공 본드를 반드시 함께 사용한다.

목공 작업에서 가장 손쉽게 목재를 연결하는 방법이다. 목재의 두께에 맞는 적당한 길이의 타카심을 선택해서 전기타카에 장착한 후 목공 본드를 바르고, 전기타카를 쏘아준다. 소품이나 작은 가구를 만들 때 적당하다. 큰 가구에 나사못을 박을 때에도 먼저 전기타카로 연결해 형태를 잡아두고 나사못 작업을 하면 훨씬 편리하다.

코너클램프로 목재를 고정하고 전기타카 작업을 하고 있다. 전기타카를 반드시 수직으로 세워서 박아야 한다.

2_ 경첩 달기

경첩이란 여닫이문을 달 때 한쪽은 문틀에, 다른 한쪽은 문짝에 고정하여 문짝이나 창문을 다는 철물이다.

다양한 경첩.

[일반·경첩 달기]

일반·적인 경첩을 다는 방법은 의외로 간단하다. 부착할 면에 경첩을 얹고 전동 드라이버에 나사못을 붙여(드라이버의 끝부분에는 자성이 있어서 나사못이 달라붙는다) 구멍의 가운데를 정확하게 박아준다.

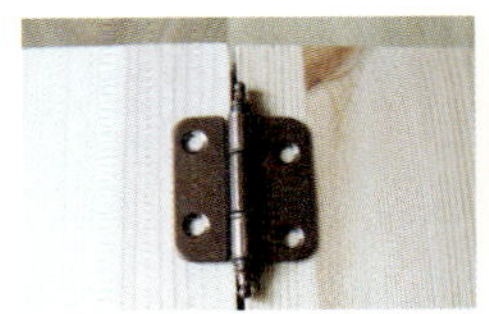

경첩 구멍이 크다고 가운데가 아닌 곳에 박아주면 경첩의 모양이 틀어지므로 정확히 가운데를 조준하여 박아야 한다.

[속경첩 달기]

경첩이 밖으로 보이는 것이 싫을 때 보이지 않도록 안쪽으로 깔끔하게 박아주는 방법이다.

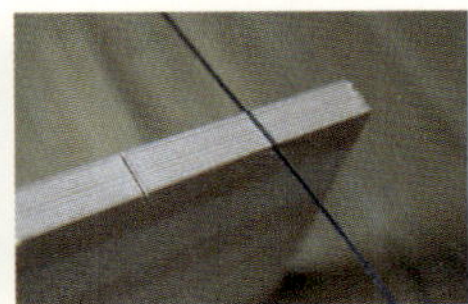

경첩을 부착할 면에 대고 연필로 표시한 후 양쪽을 실톱을 이용해서 경첩의 두께만큼 잘라준다. 자를 대고 커터칼로 힘껏 여러번 반복해서 잘라준다. 끌과 망치를 이용하면 조금 더 편하게 홈을 팔 수 있다.

[이지경첩 달기]

속경첩의 홈 파기 작업이 부담스럽다면, 이지경첩을 이용해보자. 겉으로 보았을 때는 속경첩과 같으나 홈 파기를 따로 하지 않아도 되어 편리하다.

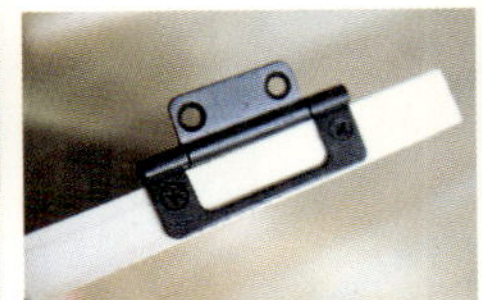

주의할 점은 이지경첩을 박는 나사못의 머리가 경첩의 구멍에 쏙 들어가는 것으로 선택해서 수직으로 똑바로 박아야 문이 잘 닫힌다.

3_손잡이 달기

기존의 가구에 손잡이만 바꿔도 가구
분위기가 달라지는 만큼, 가구에 어울
리는 손잡이를 잘 선택하도록 하자.

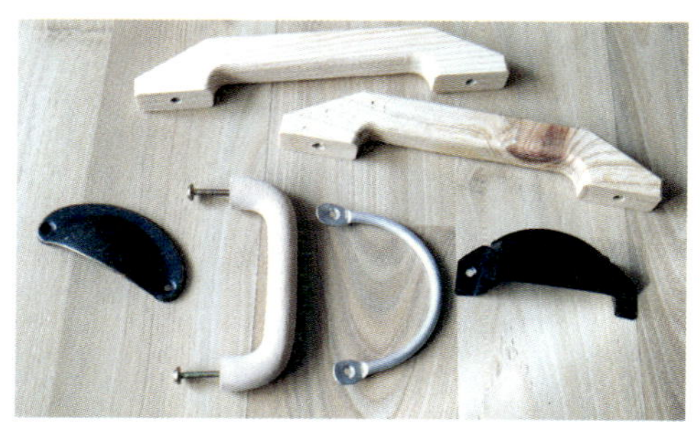

- **겉에서 박는 타입_** 나사못을 이용해
  서 전동드릴로 가구의 겉면에서 박는다.

- **안쪽에서 박는 타입_** 나사못이 보이지 않아 깔끔하다.

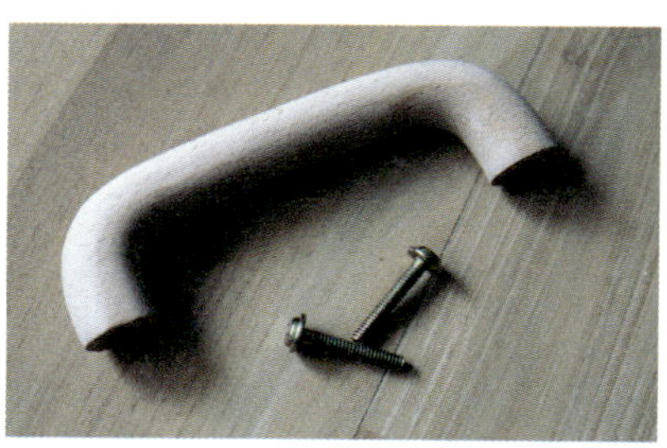

1홀의 경우는 드릴 비트로 구멍을 뚫고 안쪽에서
손잡이용 피스를 박으면 되고, 2홀의 경우는 구멍
의 간격을 정확히 측정하고 드릴 비트를 수직으로
해서 정확히 뚫는 작업이 중요하다. 살짝만 틀어져
도 구멍의 위치가 어긋나 제대로 들어가지 않는다.

4_가구 다리 달기

가구의 다리 모양은 유행하는 가구 스타일로 만들 수 있다. 모던이 될 수도 있고, 레트로가 될 수도 있고, 북유럽의 느낌을 낼 수도 있는데, 여러 가지 방법 중 본인이 편한 스타일로 하면 된다.

[나사못으로 안쪽에서 박기]

특별한 철물이 필요 없어 집에 가지고 있는 재료로도 충분히 설치할 수 있다.

드릴 비트로 안쪽에 구멍을 뚫고 목공 본드를 바른 후 나사못으로 박아주면 된다.
2~3개 박으면 튼튼하다.

[레트로 다리 브라켓 이용하기]

유행하는 레트로 느낌의 다리를 간편하게 만들 수 있다.

레트로 가구 다리와 레트로 다리 브라켓을 따로 구입한다. 설치할 위치에 레트로 브라켓을 먼저 박아준 후, 레트로 원목 다리를 끼워 나사못으로 고정한다.

가구 다리 연결 브라켓을 이용하면 훨씬 간편하게 다리를 부착할 수 있다. 가구 다리 주문시 브라켓형으로 요청하고 브라켓을 추가로 주문하면 된다. 다리 고정용 나사를 브라켓에 끼워 원하는 다리 위치에 브라켓을 먼저 박아준다. 다리를 나사 돌리듯이 돌리면서 고정하면 된다.

브라켓을 이용해 가구 다리 연결하기.

5 _ 유리 목문 만들기

내가 즐겨하는 작업 중 하나이다. 목문을 직접 만들어 유리를 끼워주면 그야말로 시판용 가구 부럽지 않은 가구를 만들 수 있다. 리폼사이트에서 원하는 사이즈로 주문해서 받으면 유리 홈이 있어 목문을 손쉽게 만들 수 있다.

파워워크샵이나 마이터 박스를 이용하면 집에서도 충분히 각도 절단이 가능하다. 나의 경우는 대부분 집에서 직접 만들고 유리가 들어가는 홈은 그때그때 가지고 있는 목재에 맞춰서 변형하여 만든다.

- 목문의 재단이 완성되면 목공 본드를 듬뿍 바르고, 길이가 긴 전기타카 심을 끼워 8군데 방향에서 쏘아준다.(ㄱ자 평철을 이용하지 않고 깔끔하게 문을 만들 수 있다.)

- 이 상태로 하루 정도 굳혀 주어야 목공 본드가 말라 단단해진다.

- 여기에 유리가 끼워지면 문이 더 튼튼하게 고정된다. 문 사이사이의 벌어진 홈은 메꾸미를 이용해서 메워준 뒤 페인팅한다.

유리의 경우 집에서 절단하기 쉽지 않으므로 리폼사이트에서 원하는 크기로 주문해서 받도록 하자.

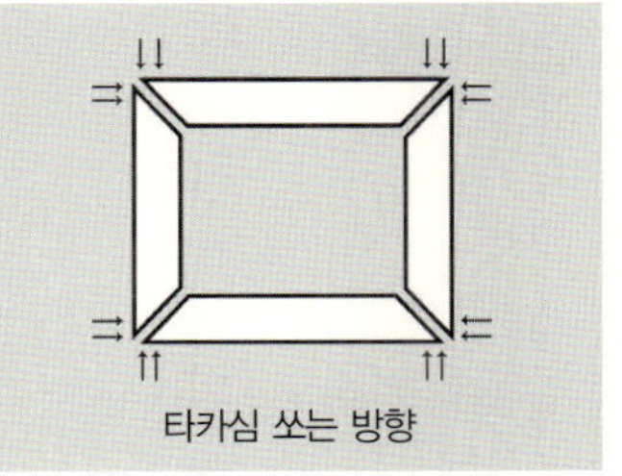
타카심 쏘는 방향

유리는 파텍스 실리콘으로 붙여주고, 액자 방망이를 박아주면 더욱 안전하다. 손잡이를 달면 유리 목문 완성.

6 _ 원목패널 벽 만들기

우리 집의 경우 원목패널을 이용한
벽면 공간이 많다. 원목패널을 이용
해서 벽면을 꾸며주면 무엇보다 아늑
한 분위기를 연출할 수 있다. 또한 액
자나 거울, 작은 소품류 등을 헤머드
릴 작업 없이 나사못을 박아 쉽게 걸
수 있어 편리하다.

　　나사못을 제거할 때 뚫린 구멍은 메꾸미로 메워주고, 다시 페인팅하면 감쪽같다. 가
정에서 주로 사용하는 원목패널은 스프러스 원목패널과 레드파인 원목패널이 있다. 스
프러스 원목패널은 색상이 밝아서 페인팅하지 않고 마무리만 해서 사용하기도 한다.

[벽면에 필요한 원목패널 개수를 계산하는 방법]

시공하고자 하는 벽면의 넓이를 3m로 가정하고 계산해보면 원목패널 한 장의 넓이가
11cm이므로

$$\frac{\text{시공하고자 하는 벽면의 넓이}}{\text{원목패널의 넓이}} = \frac{300}{11} = 27.3$$

　　11cm의 원목패널을 28장 주문하고 주문사항에 3cm 패널 한 장의 재단을 요청하면
집의 벽면에 맞게 재단된 원목패널을 받을 수 있다.

　　필요한 개수를 구했으면 시공하고자 하는 벽면의 높이를 계산해서 원목패널의 길이
도 계산, 재단 신청을 한다. 시공하려는 벽면의 높이를 측정할 때 간혹 높이가 다를 수
있으므로, 모든 부분을 잘 체크해야 한다.

　　원목패널을 설치할 때 아래에는 걸레받이를, 위쪽에는 허리몰딩을 둘러주면 조금 더
깔끔하게 마감할 수 있다. 나의 경우는 소파나 침대 등에 가려지는 부분이라서 생략했
다. 걸레받이나 허리몰딩을 둘러줄 경우, 필요한 패널의 길이가 짧아지니 잘 계산해야

한다. 허리 몰딩이 살짝 길이가 다른 패널을 가려줄 수 있으니 깔끔한 원목패널 벽을 시공하려면 걸레받이와 허리몰딩을 적극 활용해보자.

[원목패널 시공에 필요한 재료]

원목패널, 파텍스 실리콘(실리콘총 포함), 전기타카(석고보드 벽면에만 사용할 수 있음).

실리콘 + 실리콘 총

전기타카

[원목패널 시공의 제대로 된 방법]

벽면에 가로로 지지대를 만들고, 그 위에 원목패널을 박는 방법이 가장 좋다. 그래야 원목의 성질인 수축과 팽창에도 문제가 없다. 이 경우, 전문 공구인 에어타카도 필요하고, 콘센트 부분들도 모두 정리해야 하기 때문에 가정에서 하기는 쉽지 않다.

나의 시공법의 경우 가정에서 손쉽게 원목패널의 분위기를 즐기고 싶을 때 사용해볼 수 있다. 단, 벽면의 굴곡이 심한 경우에는 시공하기 쉽지 않다.

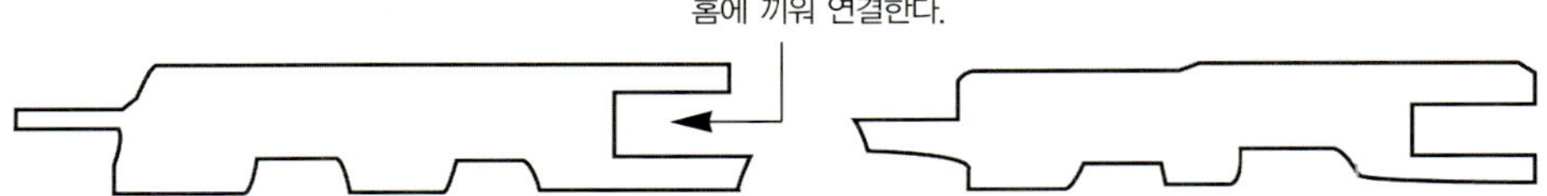

원목패널은 사이에 홈이 있어서 여러 장을 한꺼번에 시공할 수 있다. 원목패널 작업 시 가장 공들여 해야 할 일이 있다면 바로 콘센트나 스위치 부분을 따내는 작업이다. 콘센트의 위치에 맞춰 연필로 표시하고, 톱으로 폭만큼 수직으로 양쪽을 절단한다. 커

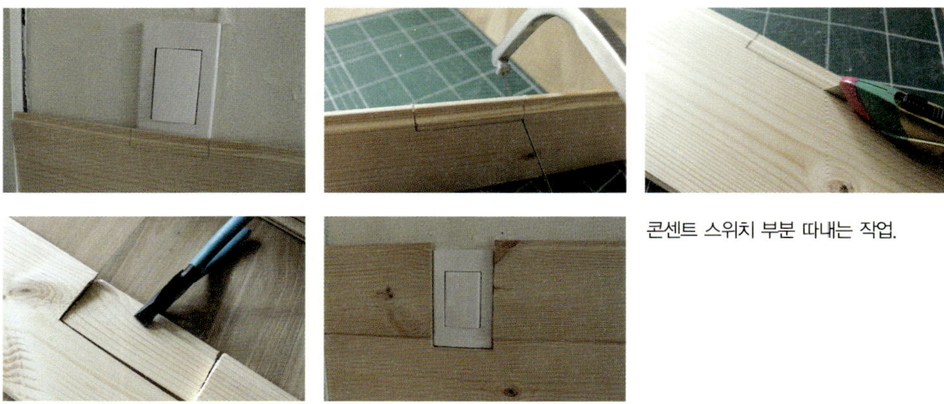

콘센트 스위치 부분 따내는 작업.

터칼을 세로로 세워 앞뒤로 칼집을 깊이 내어준 뒤 펜치로 잡고 툭, 하고 떼어낸다.

원목패널의 뒷면에 파텍스 실리콘을 군데군데 쏘아준 후 벽면에 눌러주며 시공한다. 실리콘으로만 시공할 경우 촘촘히 쏘아야 하며, 석고보드 벽면에 전기타카를 함께 이용하는 경우는 듬성듬성 해주어도 된다. 원목패널을 홈에 끼울 때 잘 들어가지 않을 경우 고무망치 등으로 톡톡 두드리며 끼운다.

파텍스 실리콘(시멘트 벽면)

파텍스 실리콘+전기타카를 함께 사용(석고보드 벽면)

[원목패널을 시공한 벽면 사진]

원목 그대로의 느낌이 좋으면 바니시로 마무리하면 된다. 원하는 컬러로 페인팅을 해도 멋진 벽면 연출이 가능하다.

좁은 공간에는 원목패널을 가로로 시공함으로써 시각적으로도 넓어 보이는 효과를 낼 수도 있다. 석고보드 벽면에 전기타카를 함께 사용해서 시공한 경우는 수축과 팽창에 상대적으로 강하지만, 파텍스 실리콘만으로 시공한 벽면은 시간이 지나면서 원목패널이 수축, 팽창하여 사이의 홈이 살짝 벌어져서 페인팅을 한 경우 나무 색이 보일 수 있다. 이럴 때는 같은 페인트로 사이의 홈을 다시 페인팅하면 된다.

원목패널 시공으로 나만의 개성 있는 벽 꾸밈에 도전해보자.

목재를 더욱 멋스럽게 만들기, 스텐실

디자인 기법의 한 가지로 종이에 어떤 물체의 그림을 그린 다음, 그 그림을 잘라내어 그 위를 물감으로 톡톡 찍어 페인팅하는 기법이다. 가구는 물론 작은 소품에도 스텐실 stencil로 포인트를 주는 작업은 아주 유용한 장식 기법이다.

1_ 스텐실에 필요한 준비물

- 스텐실 전용 디자인커터(커팅 매트), 스텐실용 붓, 아크릴물감, 스텐실 본.

아크릴물감

스텐실 본

스텐실 전용 디자인커터

스텐실 전용 디자인커터는 세밀하고 정교한 작업에 적합하도록 디자인되어 있어서 작은 글씨를 자를 때 아주 유용하다(칼날은 교체 여유분이 있어서 한번 구입하면 오래 사용할 수 있다). 커팅 매트를 바닥에 깔고 작업해야 바닥이 긁히지 않는다. 커팅 매트가 없다면 두꺼운 포장지 등을 이용해도 좋다. 아크릴물감은 아크릴 에디터 수지로 만든 물감으로 잘 지워지지 않는 것이 특징이라 여러 공예 분야에서 사용되고 있는데, 요즘은 페인트 대신 아크릴물감을 사용해서 가구 도색을 하기도 한다. 브라운 계열의 아크릴물감과 스텐실용 붓 하나만 구입해두면 오랫동안 사용할 수 있다.

스텐실용 붓은 세트로 갖추고 있을 필요는 없고, 하나에 2000원 정도 하는 중간 굵기의 붓을 구입하면 된다. 너무 저렴한 제품은 털이 많이 빠지고 붓에 힘이 없어서 좋지 않다. 스텐실 본은 시중에서 판매되는 것을 이용한다. 리폼사이트에서 다양한 디자인의 스텐실 본을 구입해서 사용할 수 있다. 직접 커팅을 하지 않아 간편하지만, 내가 원하는 디자인이나 크기를 지정할 수 없는 것이 단점이다. 여러 번 반복 사용 가능하다.

[스텐실 본 만드는 방법]

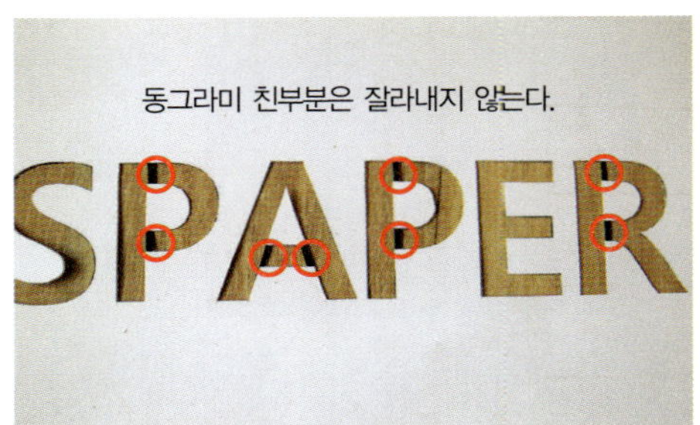

- A4 용지에 그림이나 글씨를 프린트한다.
- 스텐실 전용 디자인커터로 글씨나 그림을 판다. 이때 동그라미의 경우 테두리를 모두 잘라내면 가운데가 뚫리므로 연결 다리를 남겨두고 잘라내야 한다.
- 종이라서 쉽게 찢어질 수 있으니 조심스럽게 다루어야 하고, 구겨지지 않게 잘 보관하면, 두세 번은 반복 사용할 수 있다.
  - 디자인커터로 자르기 전에 넓은 스카치테이프를 붙여준 후 잘라내면 반복 사용해도 찢어지지 않는다.

Hamami's
Lovely House

2 _ 스텐실하기

- 스텐실 본을 원하는 위치에 수평을 잘 맞춰 고정한다.
- 아크릴물감을 조금 묻힌 붓을 종이에 동글동글 돌리면서 물감의 농도가 흐려지게
  만들어준다. 스텐실 붓에는 물이 절대로 묻어 있으면 안 된다. 물감이 번지는 원
  인이 된다.
- 적당한 농도가 되면 글씨 위에 톡톡톡 치면서 물감을 입힌다. 너무 진하지 않게
  하는 것이 요령!
  스텐실을 집 안 여기저기에 너무 많이 사용하면 지저분해 보일 수도 있으니 적당
  히 포인트로만 사용하자.

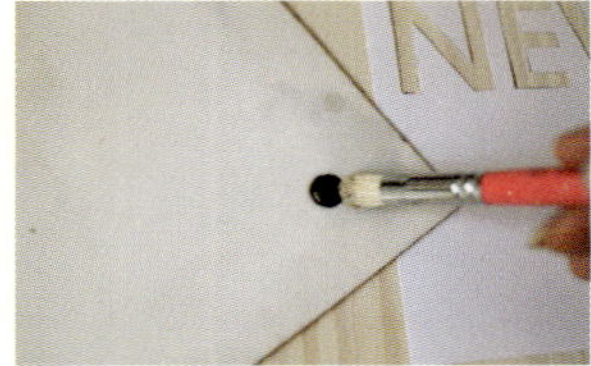

스텐실 순서

설치할 조명

기존 조명 제거하기

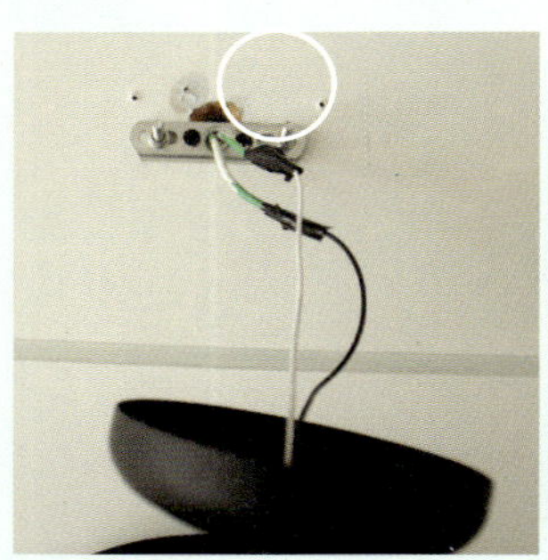

가운데 구멍으로 전선 빼내기

절연테이프

전선을 꼬아 연결한 후 절연테이프를
감아준다.

잠금장치를 손으로 돌려 고정시킨다.

조명 교체 전 누전용 차단기의 전등 스위치 내려주기

[조명 교체하기]

조명은 인테리어의 꽃이라 불릴 만큼 아주 중요한 역할을 한다. 인테리어를 멋있게 했는데, 뭔가가 부족하다 싶으면 조명을 교체해보자. 조명 교체만으로 실내 분위기가 확 달라질 것이다.

조명 교체라고 하면 전기 기술자가 해야 할 것 같지만, 기본만 지키면 그리 어려울 건 없다.

조명 교체 전 반드시 두꺼비집이라 불리는 누전용 차단기 뚜껑을 열어 전등 스위치를 내려줘야 한다(단. 이 경우는 집에서 조작이 가능한 전등의 경우에 해당되고, 비상등은 아파트에서 관리하는 전등이므로 교체 시 관리사무실에 문의해야 한다).

전등 스위치를 내려주면 안전하게 조명 교체를 할 수 있다. 기본적인 조명의 경우, 벽체에서 나오는 전선 두 가닥과 새로 설치할 조명의 전선 두 가닥을 연결해주면 되는 작업이다.

새로 구입한 조명에는 벽면에 박아줄 고정철판이 함께 들어 있는데, 철판의 가운데 구멍으로 벽면에서 나온 전선을 빼내고 철판을 벽면에 박아준다. 벽면에서 나온 전선과 새로 설치할 조명의 전선 두 가닥을 꼬아 준 후 절연테이프로 돌돌 감아준다(이 과정에서 조명을 잡아줄 도우미 한 명이 필요하다).

조명의 본체를 끼우고 잠금장치를 손으로 돌려서 마무리하면 된다. 천장의 경우 기존의 조명을 제거할 때 원래 박혀 있던 자리에 그대로 박으면 더 간단하다.

마지막으로 두꺼비집의 전등 스위치를 다시 제자리로 올려주어 조명이 잘 설치되었는지 확인한다.

한 번 조명 교체에 성공하고 나면 자꾸자꾸 교체하고 싶어진다. 그만큼 분위기 연출에 조명이 중요한 역할을 하므로, 셀프 전등 교체로 집 안 분위기를 바꿔보자.

BATHROOM
NATURAL

3
Hamami's Lovely House
나만의 특별한
공간 꾸미기

Hamami's Lovely House 1

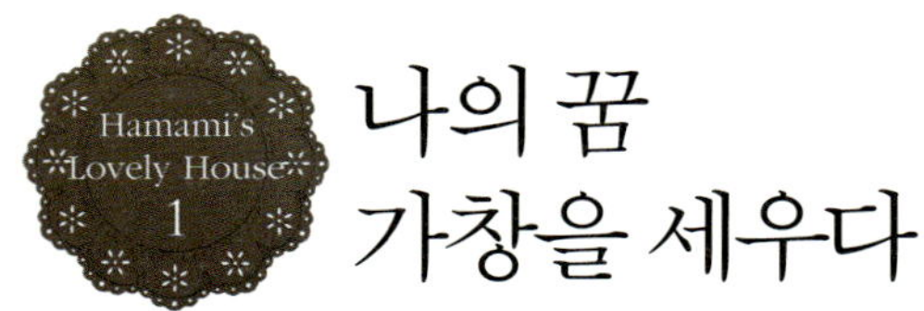

나의 꿈
가창을 세우다

유독 커다랗던 거실 창이 썰렁해서 아늑한 분위기 연출을 위해서 가창을 세웠다. 카페 같은 분위기 연출을 위한 최고의 아이템이다. 꺽쇠를 이용해서 고정시킨 가창은 이사할 때 떼어갈 수도 있어 유용하다.

사용한 목재 틀–구조재 넓이 9cm/폭 4cm, 목창–폭 4cm 각재, 원목패널/허리 몰딩

모든 구조재의 연결은 목다보를 이용한
목재 연결하기 방법으로 진행했다.

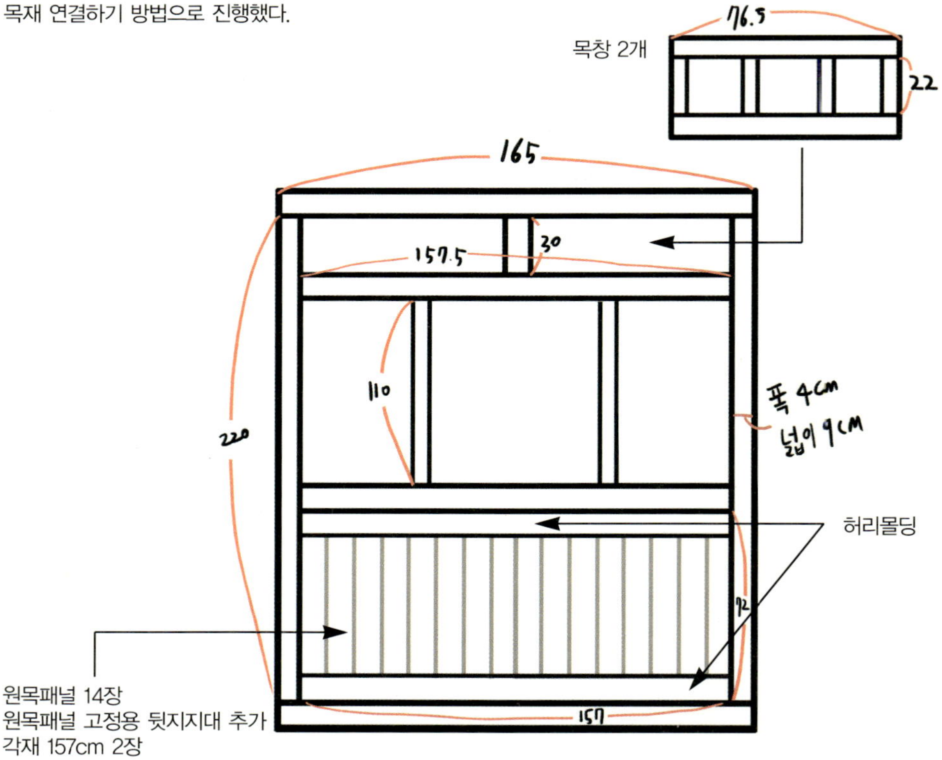

가창의 도면

Welcome
FEED
Pas De Beaux Rêves
POUR LES ENFANTS
SON OLIVIER P. BADEAU
LONDON

1_ 창틀에 페인팅하기 전의 거실창.

2_ 빈티지 느낌이 강했던 초기 가창의 모습. 상단을 패브릭으로 가려주었다. 구조재로 만든 가창의 연결은 목다보를 이용해서 고정하고 꺽쇠와 평철을 군데군데 사용했다.

3_ 초기의 가창을 아이보리 화이트 색상 페인트로 깔끔하게 칠했다

7_ 초기 옹이패널로 마감했던 부분의 완성도가 떨어져 제거!

8_ 원목패널은 사이즈에 맞게 재단한다.

9_ 옹이 패널을 제거한 상태의 모습

- 사진을 보면 패널의 지지대를 위, 아래 그리고 가운데에 세로로 각목을 세워준 것을 확인할 수 있다. 꺽쇠를 이용해서 간단하게 고정한다.

4_ 상단의 패브릭을 떼어냈다.

5_ 폭 4cm의 각재를 이용해서 목창을 만들어주었다. 목창의 각재 연결도 목다보를 이용해서 조립했다.

6_ 상단에 경첩을 박고, 손잡이도 장식 으로 달아주었다.

● 경첩과 손잡이는 블랙 색상이었는데, 라이트 세이지(Light Sage) 색상의 엑 센트 스프레이를 뿌려서 크림빛으로 바꾸었다.

10_ 위아래의 각목 지지대에 원목패 널을 박아준다.

11_ 전기타카로 고정한다.

Hamami's
Lovely House

12_ 아이보리 화이트 색으로 칠하고, 상단의 목창까지 설치해주었다. 시공한 원목패널의 위아래를 허리몰딩으로 가려주니 깔끔하다.

13_ 꺽쇠를 이용해서 창틀에 고정한 가창은 언제든지 떼어낼 수 있다.

14_ 패브릭 요요 대신 블랙 커트지를 걸어도 멋스럽다.

HAMAMI's TIP |

전문적인 공구나 기술을 가진 전문가가 가구를 만들 때는 꺽쇠나 평철을 사용하지 않지만 가정에서 DIY를 할 때는 적극 활용해야 튼튼하게 만들 수 있다. 눈에 잘 보이지 않는 아래쪽이나 뒤편에 박아 사용하면 된다.

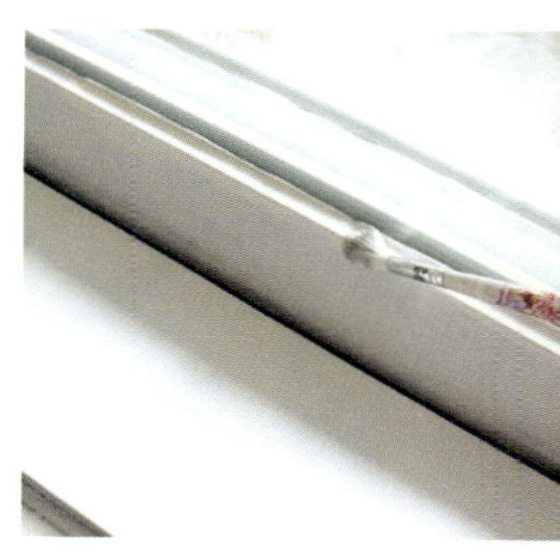

18_ 창틀의 실리콘도 부드러운 미술용 붓으로 칠한다.

15_ 거실창의 갈색 창틀을 화이트로 칠하기 위해서 마스킹 테이프를 붙여준다.

16_ 롤러와 붓으로 프라이머를 총 3회 칠했다.

17_ 짙은 색상의 창틀이라서 프라이머를 3회, 리갈 아이보리 화이트 페인트를 2회 도색했다. 다목적용인 벤자민무어 리갈 페인트를 사용했는데, 철제 전용 페인트인 벤자민무어 슈퍼스펙 메탈을 사용하면 내구성이 더 좋다.

19_ 창틀이 환해지니 거실이 한결 밝아졌다.

20_ 떼어두었던 가창을 다시 시공했다.

21 _ 완성.

아늑한 거실을 위한 원목패널 설치하기

벽면에 원목패널을 설치하면 아늑한 분위기도 연출할 수 있고 해머드릴 없이 액자나 소품을 나사못만으로 걸 수도 있다.

Fais De Beaux Reves
POUR LES ENFANTS
MAISON OLIVIER P. BADEAU
RUE LA CONDAMINE PARIS

1_ 기존 벽지를 제거한다. 실크 벽지의 경우 가운데 부분이 벽에 완전히 밀착되어 있지 않고 떠 있는 경우가 대부분이라 제거하는 것이 좋다. 벽지가 벽에 잘 밀착되어 있다면 제거하지 않아도 괜찮다.

2_ 스프러스 원목패널을 벽면에 맞게 재단하여 구매하였다(페인트인포).

3_ 넓은 면을 시공할 때는 원목패널을 여러 개 끼워서 한꺼번에 시공하면 편리하다.

7_ 원목패널을 설치한 거실 벽면. 내추럴한 분위기가 좋다면 이대로 바니시를 2회 칠해서 마감하여 사용해도 된다. 나는 상단을 일정하게 맞추어 원목패널을 설치하고 아랫부분은 소파로 가려지기 때문에 걸레받이를 생략했다.

8_ 벤자민무어 리갈 페인트(아이보리 화이트). 입체적인 느낌을 주기 위해서는 거친 붓을 사용한다.

9_ 원목패널의 가로 방향으로 1차 페인팅을 한다. 꼼꼼하지 않게 하는 것이 요령이다.

4_ 석고보드 벽면이라서 파텍스 실리
   콘과 전기타카를 이용해서 박아주
   었다.

- 시멘트 벽면이라면 파텍스 실리콘
  과 글루건, 양면테이프를 적절히 이
  용하여 **튼튼**하게 시공한다.

5_ 홈이 있어 끼우는 방식이라서 차례대로 끼우면
   서 시공한다.

- 홈에 잘 들어가지 않을 경우, 고무망치나 망치에
  두꺼운 천을 감아 톡톡 치면서 홈에 잘 끼워지도
  록 유도한다.

6_ 시공하다가 나오는 콘센트는 모양 따
   기를 해준다.

- 실톱으로 양쪽을 자르고, 커터칼로 칼
  집을 여러번 넣은 뒤, 펜치 등으로 떼
  어낸다. 끌을 이용해도 무방하다.

> **HAMAMI's TIP |** 정확하게 측정을 했는데도 막상 설치하다 보면 벽면이 일정치 않
> 아 패널의 길이가 들쭉날쭉할 수도 있다. 이럴 경우를 감안하여 아래쪽에 걸레받
> 이를 추가로 설치하면 깔끔하게 완성할 수 있다. 걸레받이를 추가할 생각이라면
> 원목패널 주문시 걸레받이의 폭만큼 짧게 주문해야 한다. 또는 원목패널을 모두
> 설치한 후 아래쪽에 패널을 덧대어 마감해도 된다.

10_ 이번에는 세로 방향으로 2차 페
    인팅을 한다.

11_ 가로, 세로를 반복해서 3~4회 원하는 색감이
    나올 때까지 반복한다.

12_ 한 번에 같은 방향으로 진하게 칠
    하는 것보다 가로, 세로 여러 번
    반복해서 칠해주면 빈티지스러우
    면서도 고급스러운 느낌이 든다.

평범한 하이그로시는 싫다.
신발장 리폼하기

현관 신발장은 그 집의 분위기를 좌우하는 첫인상이 된다. 아마 하이그로시 재질의 신발장이 주류를 이루지 않을까 싶다. 하이그로시 재질의 신발장은 사용하기에는 편리하고 깔끔하지만, 너무 평범하다. 평범하기를 거부한 우리 집의 신발장 리폼을 소개한다.

우리 집 신발장은 벌써 몇 번의 리폼 과정을 거쳤다. 첫 번째는 하이그로시 재질의 신발장에 커다란 벽지의 꽃을 오려붙여 보았고, 두 번째는 누수로 뜯어낸 베란다의 데코타일을 재활용해 리폼을 시도했다.

한동안은 집을 방문하는 사람들에게 세상 어디에도 없는 스타일이라며 특별한 인상을 주었지만 유행이 지나니 어둡고 칙칙한 현관의 느낌이 너무 싫어졌다. 그래서 벽면에 원목패널을 설치할 때 떼어두었던 옹이패널을 이용해서 한 번 더 신발장 리폼을 시도했다.

113-7

1_ 강력한 파텍스 실리콘과 못으로 일일이 박았던 데코타일을 떼어내는 일이 쉽지만은 않았다. 리폼을 시도할 때는 제거할 경우도 염두에 두고 작업하는 게 좋다.

2_ 옹이패널. 사용했던 패널이라서 빈티지 느낌이 난다.

3_ 모서리대패로 테두리를 깎아낸다. 모서리대패로 테두리를 모두 깎아 주면 패널 사이사이의 홈이 자연스럽게 생겨서 완성도가 훨씬 높아진다.

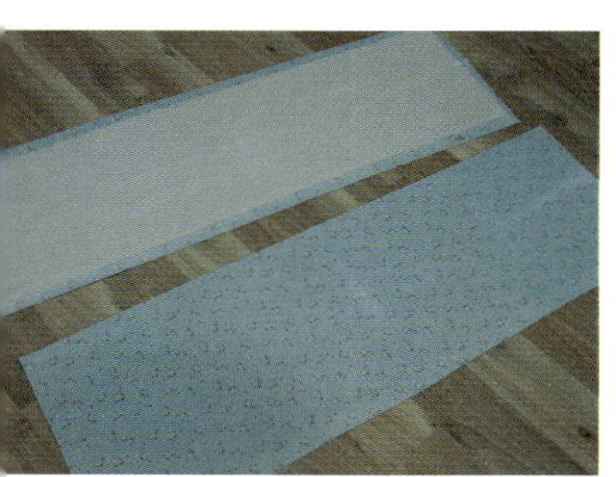

7_ 신발장 상단에는 가지고 있던 린넨 원단의 패브릭을 이용했다. 재단한 후 다림질하면 깔끔하다.

8_ 패브릭의 접착은 스프레이형 접착제를 이용했다. 잘못 붙이면 떼었다가 다시 붙이는 작업이 가능하다.

9_ 색상은 비슷한데 무늬가 살짝 다른 대브릭을 사용해서 단조로움을 피했다.

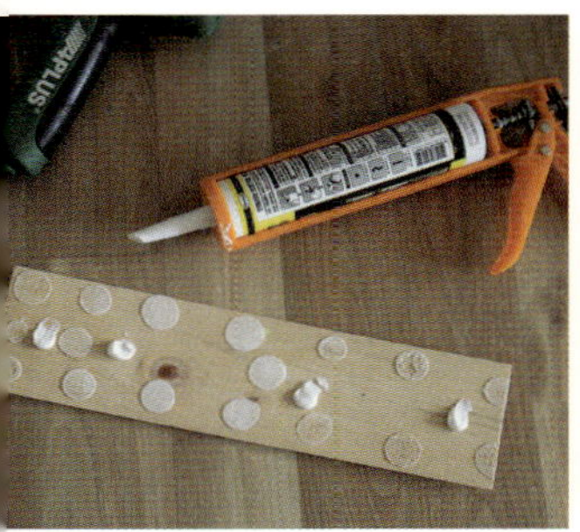

4_ 옹이패널은 파텍스 실리콘과 전기 타카로 고정해주었다.

5_ 전기타카로 박는다.

6_ 신발장 옆면은 원목패널을 추가로 주 문해서 박아주었다. 그리고 벤자민무 어 리갈 페인트 아이보리 화이트 색 상으로 페인팅해 주었다.

10_ 패브릭과 패널의 연결 부위는 목재를 얇게 재단해서 박아주었 다. 파워워크샵으로 재단한다.

11_ 완성. 어둡고 칙칙했던 현관의 분위기를 밝게 바꿔주니 외출할 때나 들어올 때 기분이 좋아 진다.

● 재활용 옹이패널이 있다면 가능한 방법이지만, 깔 끔한 페인팅으로 변화를 주는 것도 좋다.

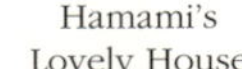

심플한 스타일의
개성 있는 현관문

셀프 인테리어에 관심이 있는 사람들이라면 누구나 도전했을 법한 국민현관 만들기.
패널 느낌의 시트지를 이용해서 리폼해주었던 말 그대로 국민현관이었다.

평범한 느낌이 싫어 데코타일을 이용해서 리폼을 하기도 했었고, 나의 변덕에 여러
번 몸살을 앓았다. 다시 초심으로 돌아가서 심플하면서도 세련된 느낌으로 나만의 개
성이 묻어나는 현관문 리폼을 진행했다.

before

패널 느낌의 시트지를 이용해서 리폼했던 초기의 국민현관.
시트지를 이용해서 리폼을 할 때는 아주 신중하게 선택하길
권한다. 나중에 싫증이 나거나 어쩔 수 없이 제거해야 할 경
우가 생기면 시트지 제거에 상당히 많은 시간이 든다. 현관
에 붙였던 시트지를 제거하느라 드라이기를 이용하기도 하
고 스프레이형 시트지 제거제도 이용하는 등 무척 애를 먹
었다.

NEWSPAPER
* SINCE 2008
113-703
Dust Box

1_ 시트지를 모두 제거한 상태로 아무 장식이 없던 초기의 현관문이다.

2_ 화이트 페인팅을 위해서 프라이머를 2회 칠해주었다. 마른 후 다시 재도장.

● 현관문 작업은 문을 열어두고 페인팅을 해야 하므로 아침 일찍 작업을 시작해야 어두워지기 전에 마무리할 수 있다..

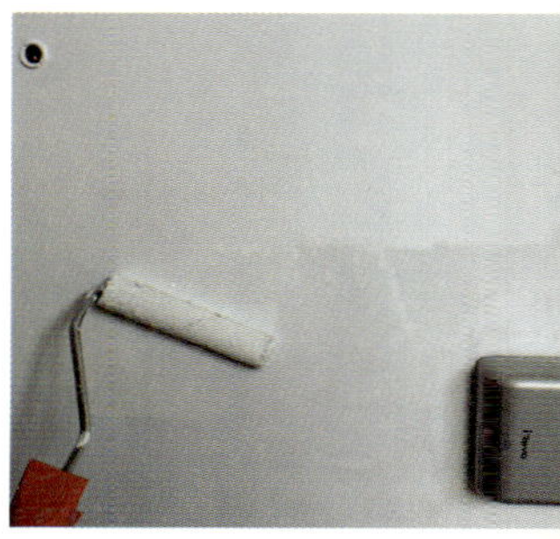

3_ 롤러로 2회 페인팅(벤자민무어 리갈 아이보리 화이트).

● 물걸레질이 가능해서 더러워지면 닦아주면 된다.

7_ 문의 상·중·하에 포인트로 붙여준다. 미송 1.2T, 폭 6cm.

● 문을 열고 닫을 때 지장이 없도록 문을 닫아놓은 상태에서 치수를 계산해야 한다.

8_ 본덱스 벗나무색으로 스테인 칠을 한다.

9_ 장식을 위해 준비한 비오.

4_ 페인트를 충분히 말린다.

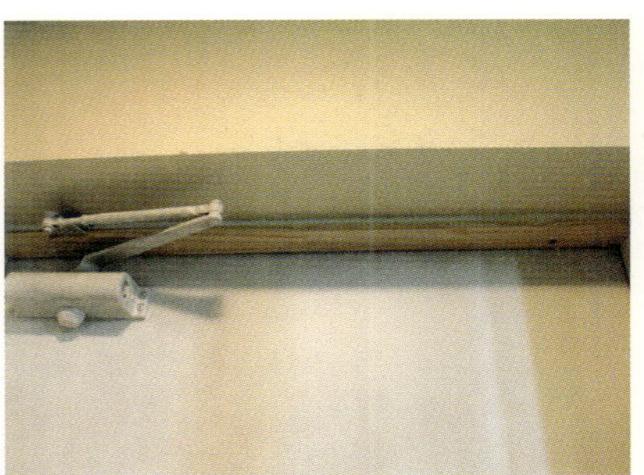

5_ 문의 테두리에는 미송을 재단하여 파텍스 실리콘으로 고정한다.

6_ 미송으로 문 테두리를 둘러주니 한결 깔끔하다.

10_ 비오의 핀 길이가 나무 두께보다 길어서 비오의 핀 길이를 펜치로 적당히 자른 후 끝부분에 글루건을 살짝 쏘아 비오를 박아넣는다.

11_ 약 7cm 간격으로 비오를 박아준다. 총 39개의 비오를 사용했다.

12_ 포인트로 경첩을 문에 붙여줄 예정
이다.

13_ 숫자 몰딩.

14_ 숫자 몰딩과 경첩에 브라운 샷상
으로 스프레이한다.

18_ 신발장 리폼 후 현관 모습.

HAMAMI's TIP | 아메리칸 악센트 스프레이

스프레이는 한 번만으로 원하는 색상으로 빠르게
도색할 수 있고, 페인팅에 비해서 접착력이 우수
하나 실내에서 작업하면 냄새가 심해서 좋지 않
다. 가급적이면 실외에서 신문지를 넓게 펴놓고
도색하도록 하자. 다른 스프레이에 비해서 아메리
칸 악센트 스프레이는 색상도 예쁘고 도색 후 20
분 정도면 손으로 만질 수 있어서 편리하다.

16_ 포인트로 붙여줄 경첩(유럽형 T경첩). 파텍스 실리콘으로 고정한다.

17_ 현관문 리폼 완성.

15_ 목재는 파텍스 실리콘으로, 숫자 몰딩은 글루건으로 고정시켰다.

● **주의 |** 필요한 목재 계산시 문을 반드시 닫은 상태로 해야 한다. 문을 열어 놓은 상태로 측정하면 나중에 문이 닫히지 않는 상황이 생길 수 있다.

방문을 뚫어볼까?
유리문 만들기

방문을 뚫고 유리를 끼웠다. 작업을 시작하기까지 정말 많은 용기가 필요했다. 한 번의 실수도 용납이 안 되기에 작업 전 목창의 원리를 확실히 이해하고 작업을 시작했다. 지금껏 해왔던 리폼 중 BEST 3 안에 들어갈 만큼 만족스러운 작업으로 신비스러운 보라색과 유리문의 만남이 조화롭다. 남들과 똑같은 공간 안에 머물지만 벽과 문에 변화를 주고 컬러를 담아 조금은 특별하게 공간 꾸미기를 해보자.

낡지는 않았지만 칙칙한 색상의 방문이 전체적인 인테리어 스타일과 맞지 않아 리폼을 결심했다.

ROOM 1
BATHROOM

1_ 처음에는 강렬한 오렌지 색상으로 리폼을 시도했다.

2_ 너무 튀는 오렌지색이 마음에 들지 않아 재리폼 하기로 결정했다. 개인적인 취향이겠지만 방문 컬러는 한층 톤다운된 색상을 선택하는 것이 오랫동안 사용해도 질리지 않는 비법이다.

3_ 프라이머를 3회 칠해주었다.

7_ 문을 떼어낸 후, 굵은 드릴 비트로 유리를 끼워넣을 네 귀퉁이를 뚫고 직소로 잘라낸다. 사이에 들어갈 목재의 폭만큼 더 크게 잘라야 한다.

8_ 창틀을 재단한다.

9_ 창틀을 앞, 뒤로 제작. 목공 본드를 바른 후 타카로 고정한다.

4_ 벤즈-민무어 어드밴스 새틴광/AF-
   600.

5_ 굴곡이 있는 곳은 먼저 칠하고 넓은 면은 롤러로
   칠해준다. 총 3회 도색. 가운데 부분은 유리를 끼
   울 예정이라서 페인팅하지 않았다.

6_ 페인트가 잘 마르도록 다음날 작업하
   는 것이 좋다.

10_ 문의 뒷면에도 창틀을 박아준다.
    이때 창틀의 앞면과 뒷면 사이에
    유리를 얹을 홈이 있어야 한다.

11_ 문을 다시 달아 주고 창틀은 화이트 색상으로
    페인팅한다.

12_ 고방 유리를 사이즈에 맞게 주문
    한다.

13_ 파텍스 실리콘으로 고방 유리를 고 정한다.

14_ 유리의 앞쪽에 미리 만들어둔 목창을 박아준 다. 타카를 위에서 아래로 유리가 깨지지 않도 록 주의하면서 박는다.

15_ 조화와 우유 뚜껑, 마끈으로 밀 짚모자를 만들어 장식한다.

19_ 화장실 문은 위쪽에 유리를 끼웠다.

20_ 문패(페인트인포에서 구입). 화이트로 페인팅 했다.

21_ 보랏빛 유리문 완성.

16_ 창에 장식을 붙여준다.

17_ 유리 방문 완성.

18_ 안방 문과 바로 옆에 위치한 화장
실 문도 같은 방법으로 리폼했다.

Hamami's Lovely House

매력적인
보랏빛 안방 만들기

보라색은 우아함과 기품을 상징하며, 신비로운 느낌을 주는 색으로 어울리는 색상을 매치하기가 쉽지 않은 색감이다. 하지만 주변의 색상과 잘 매치하면 이보다 더 강렬하고 인상적인 색상도 없다. 방문을 낮은 채도의 보라색으로 선택했다면 안방 벽면은 톤을 달리한 화사한 보라색을 선택하여 매력적인 보랏빛 안방을 연출해보자.

1_ 평범했던 컬러의 안방.

2_ 일자 드라이버와 망치로 걸레받이를 제거한다.

3_ 걸레받이가 쉽게 제거된다.

7_ 기준이 되는 지점부터 붙여나간다.

8_ 스위치 부분 따내기. 실톱으로 양쪽을 자른다.

Hamami's
Lovely House

4_ 원목패널 설치시 가장 까다로운 스위치 부분만 신경 쓰면 된다.

5_ 스프러스 원목패널을 구입한다.

6_ 파텍스 실리콘으로 시공한다.

9_ 커터칼로 힘 주어 반복해서 그어 준다.

10_ 펜치로 툭, 잡아 뗀다

11_ 스위치 부분에 원목패널을 설치한다.

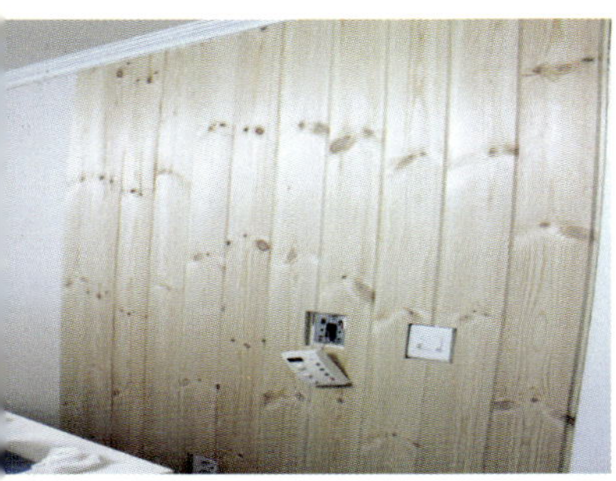

12_ 보일러 스위치도 원목패널을 따내고 시공한다.

13_ 원목패널이 잘 들어가지 않을 때는 망치로 살 살 쳐준다. 고무망치를 이용하면 더 좋다. 망 치를 너무 세게 칠 경우 홈이 깨질 수 있으므 로 망치에 수건을 두르고 살살 쳐주는 방법이 좋다.

14_ 가리개를 만들어 스위치를 덮으 면 더 깔끔하다.

18_ 페인트가 묻으면 안 되는 곳에 마스 킹테이프를 붙여준다.

19_ 원목패널의 홈을 먼저 붓으로 칠해준다.

20_ 홈을 먼저 칠한 뒤 넓은 면을 칠한다.

Hamami's Lovely House

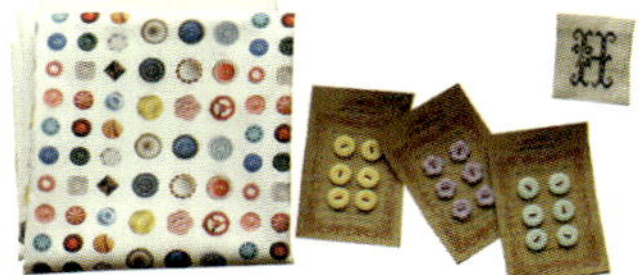

15_ 방문 위의 남은 부분에도 원목패널을 설치한다. 최대한 정확한 길이로 재단해서 시공하는 것이 좋다.

16_ 안방 화장실 문 위에도 원목패널을 잘라 시공!

17_ 벤자민무어 리갈페인트 1404번. 페인트는 눈으로 보는 색감보다 벽면에 칠했을 때 조금 더 짙어진다.

21_ 조금 거친 붓으로 원목패널의 나뭇결과 반대 방향으로 칠해주었다. 총 3회를 칠해주었는데, 힘은 들지만 롤러로 칠했을 때와는 다른 질감이 느껴져서 좋다.

22_ 멋스러운 거울을 달아주었다.

23_ 원목 스위치 가리개를 달아주면 완성.

공간이 넓어 보이는
아이방 만들기

유난히 좁은 딸아이 방은 가구 하나 들이는 것도 부담스럽다. 가구의 높이를 낮추고 정면으로 보이는 벽면에 원목패널을 가로로 설치해서 시각적으로 넓어 보이는 효과를 주었다. 기존 벽면에는 양쪽에 키 큰 수납장과 가운데에는 직접 제작했던 키보드 수납형 책상을 놓았는데, 전면이 모두 가구들로 채워지니 가뜩이나 좁은 방이 더욱 답답해 보여서 과감하게 재리폼을 결정했다.

TOY BOX

1 _ 리폼 전의 모습. 피아노 키보드 수납형
책상과 양쪽에 키 큰 유리장이 있다.

2 _ 패널과 벽지를 제거한다.

3 _ 시공할 스프러스 원목패널. 사이
즈를 재단, 신청해서 구입했다.

4_ 파텍스 실리콘으로 고정한다.

5_ 군데군데 파텍스 실리콘을 쏘아준 뒤 아래쪽부터 가로로 시공한다.

6_ 원목패널은 무거운 가구로 벽면을 눌러 밀착한 후, 하루 정도 고정시키는 것이 좋다.

7_ 원목패널은 휘기 않은 것이 가장 좋지만, 간혹 패널이 휘어서 시공하기 어려울 때도 있다. 위쪽에 지지대를 만들어서 고정이 될 때까지 눌러준다. 파덱스 실리콘도 촘촘히 사용한다.

8_ 색상도 뽀얀 스프러스 원목패널. 마감제만 사용해서 나무색을 그대로 즐겨도 좋다.

9_ 원목패널의 끝부분이 지저분해 보이면 세로로 길게 원목패널을 잘라서 대어주면 된다.

10_ 좁은 공간이 더 넓어 보이도록 화이 트로 페인팅. 가운데 두 줄은 포인트 를 줄 생각이라서 마스킹테이프를 붙여주었다.

11_ 벤자민무어 리갈 화이트 아이보리.

12_ 가운데 두 줄만 남기고 페인팅 한다.

13_ 한 줄은 블루 색상으로 칠한다.

14_ 한 줄은 핑크 색상으로 칠한다.

15_ 완성. 원목패널을 가로로 설치하 고 낮은 가구를 배치하여 좁은 방을 넓어 보이게 했다.

칙칙했던 갈색 문이
산뜻한 초록색 유리문으로 변신

아이 방문인데 갈색은 너무 칙칙한 느낌이라 그린색으로 리폼했다. 첫 번째로 리폼했던 밝은 그린이 산뜻한 느낌은 들었지만, 조금 차분한 색상의 그린빛으로 유리를 끼워 다시 한 번 재리폼해주었다. 방문에 사용하는 페인트 색상은 톤다운된 색상을 선택하는 것이 오래 사용해도 질리지 않고 고급스러운 느낌이 든다. 문의 색깔, 손잡이 모양, 창의 유무만으로도 집 안 분위기가 많이 달라진다. 방문에 과감한 컬러로 포인트를 주자.

리폼 전의 갈색 문.

Dust Box
NEWSPAPER

1_ 밝은 그린색으로 페인팅하고 리폼
했던 초기의 문이다.

2_ 옹이패널을 제거하고 메꾸미로 메운 후 마르면
나사못 자국을 샌딩한다.

3_ 리갈 페인트 그린 계열 474-Mistletoe.

4_ 페인팅 전에 마스킹테이프를 미리
붙여둔다. 하지만 페인팅할 때 손
잡이는 잠시 떼어두는 것이 가장
좋은 방법이다.

5_ 정석은 프라이머를 칠한 후 페인팅해야 하지만,
그냥 페인팅을 진행했다. 굴곡이 있는 부분은 부
드러운 붓으로, 넓은 면은 롤러로 칠한다.

6_ 페인트를 3회 칠한다.

7_ 방문의 안쪽도 페인팅한다.

8_ 유리문을 만들기 위해서 방문을 떼어내었다. 방문 경첩 부분의 나사못은 전동 드릴로 쉽게 풀수 있다. 단, 무거우니 문을 잡아줄 도우미가 필요하다.

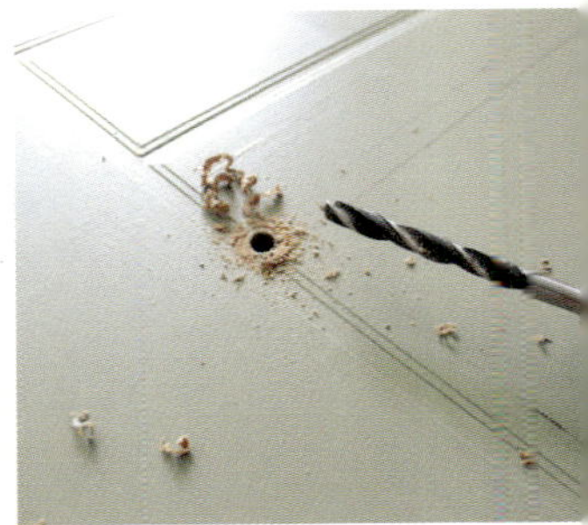

9_ 굵은 드릴 비트로 네 귀퉁이를 뚫어주고, 직소로 잘라낸다. 유리의 크기보다 덧대어줄 목재의 굵기만큼 더 크게 자른다.

13_ 유리를 끼워줄 바깥쪽도 목재로 마감한다. 사진을 보면 유리가 끼워질 홈이 보인다. 문을 다시 고정한다.

14_ 유리를 고정하고 바깥쪽에 목창을 추가로 만들어서 박아준다. 목창을 화이트로 페인팅한다.

15_ 유리(전원유리/페인트인포)를 픽스텍스 실리콘으로 고정하고 목창을 끼워 타카를 위에서 아래로 박는다. 유리가 깨지지 않도록 조심한다.

10_ 가운데 부분은 뻥 뚫려 있기 때문에 앞판과 뒤판의 수평을 맞춰 잘 자르는 것이 관건이다.

11_ 문의 뻥 뚫린 구멍을 목재로 막아준다. 목공 본드를 바른 후 타카로 고정한다.

12_ 문의 안쪽에는 창이 끼워질 안쪽에 목재를 하나 더 덧대어주고, 바깥 부분을 깔끔하게 막아준다.

16_ 완성. 문의 안쪽에는 간단한 걸이를 박아서 신주머니나 자주 이용하는 패브릭 가방 등을 걸어둘 수 있도록 했다.

Hamami's
Lovely House

Hamami's Lovely House 9

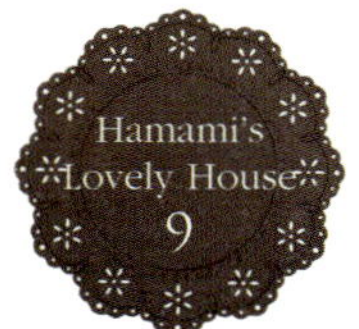

집중력을 높여주는 아이방의 그린색 원목패널

초록색은 평화, 자연, 안정감 등 기분을 온화하게 해주어 아이방에 잘 어울리는 색감이다. 기존의 벽지도 직접 구입해서 셀프 도배했었는데, 도배보다는 페인트가 다양한 색감을 연출하기에 더 적합하다. 아늑한 공간 연출을 위해서 원목패널을 설치하고 페인팅을 했다.

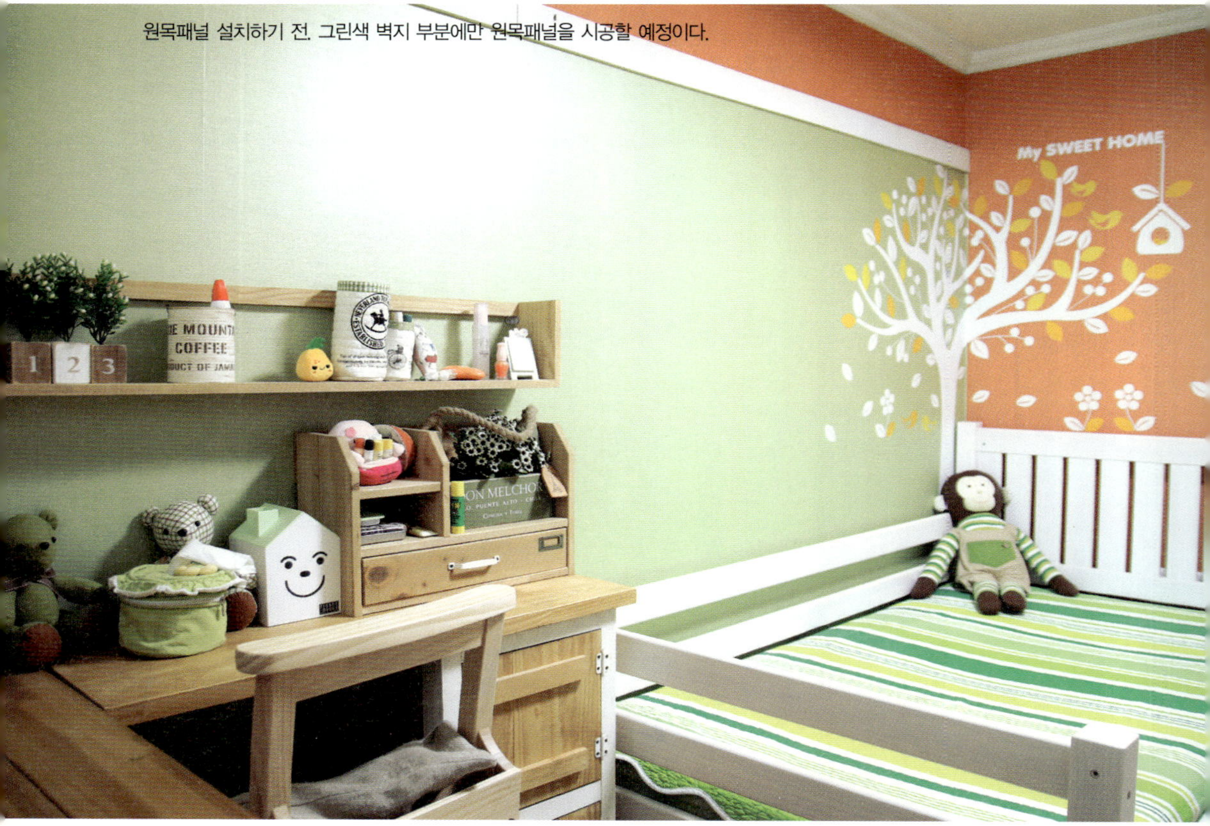

원목패널 설치하기 전. 그린색 벽지 부분에만 원목패널을 시공할 예정이다.

Pants
T-shirt
Underwear

1_ 아래쪽 걸레받이는 일자드라이버와 망치로 제거한다.

2_ 스프러스 원목패널을 구입한다.

3_ 벽면이 석고보드라면 파텍스 실리콘과 전기타카를 이용해서 고정한다.

7_ 그린빛 원목패널 완성.

8_ 나사못을 박아 액자나 소품 등을 걸어두기에 편리하다.

9_ 원목패널을 설치해주니 아늑한 분위기가 연출되었다.

4_ 콘센트나 스위치가 없는 벽면이라면 원목패널을 여러 장 끼워서 한꺼번에 시공할 수 있다.

5_ 벤자민무어 리갈 페인트 430(Landscape). 밝지만 차분한 그린 컬러다.

6_ 필요한 곳엔 마스킹테이프를 붙여준다. 패널의 홈 부분을 먼저 칠해준 후 전체적으로 2회 페인팅한다.

10_ 페인팅 전의 반대쪽 벽.

11_ 합지 벽지의 경우는 벽지가 잘 찢어지는 단점이 있다. 아주 심하지 않은 경우에는 페인팅으로 커버가 가능하다.

12_ 걸레받이는 프라이머를 2회 칠한 후 아이보리 화이트 페인트로 2회 도장했다.

13_ 테두리 부분은 붓으로 먼저 칠해주고 전체적으로 롤러를 사용해서 페인팅한다. 방의 한 면을 칠할 때는 벽지용 롤러보다 가구용 롤러 사용을 추천한다. 벽지용 롤러는 생각보다 페인트를 많이 흡수해서 좁은 면적을 칠할 때는 페인트의 낭비가 심하다.

14_ 페인팅을 2회 진행한다.

15_ 완성.

16_ 방문 뒤의 공간에 자전거 모양의 걸이를 박아준다.

콘크리트 벽면에 무언가를 걸고 싶다면 해머드릴로 벽면에 구멍을 뚫고 칼브럭을 박아넣은 후 나사못을 박는 것이 가장 좋은 방법이다. 하지만 칼브럭 사이즈가 맞지 않을 때도 있고, 벽면에 구멍을 크게 내는 것이 맘에 안 들어 고민한 끝에 고안한 방법이다. 비교적 가벼운 액자나 소품 등을 걸 때 유용하다.

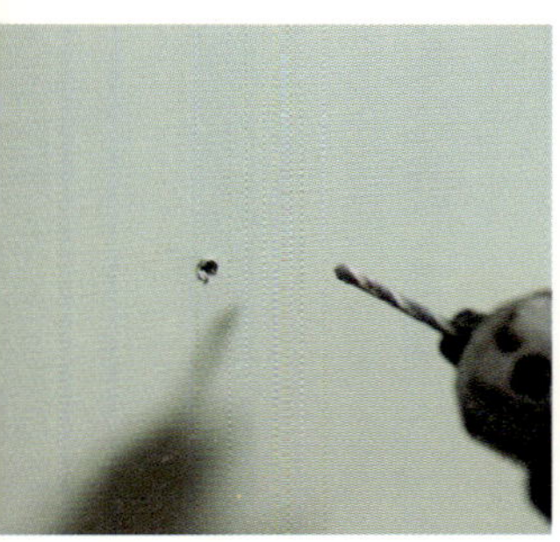

1_ 비교적 가는 콘크리트 드릴 비트를 이용해서 벽면에 구멍을 뚫어준다.

2_ 구멍에 꽉 차도록 이쑤시개를 넣어준다. 내가 사용한 드릴 비트의 경우에는 이쑤시개 3개가 적당했다.

3_ 손톱깎이로 이쑤시개를 잘라낸다.

4_ 망치로 콩콩 두들겨서 편평하게 만들어준다.

5_ 가운데에 나사못을 박는다.

6_ 칼브럭 없이 콘크리트 벽면에 걸이 걸기 완성. 비교적 가벼운 물건을 걸고자 할 때 사용한다. 거울이나 무거운 액자 등은 반드시 칼브럭을 이용해서 튼튼하게 고정해야 한다.

인테리어의 완성,
조명 교체

인테리어를 신경 써서 했는데, 뭔가 부족한 느낌이 든다면 조명을 교체해보자. 인테리어의 완성은 조명이라는 말이 피부로 느껴질 것이다. 그린과 오렌지가 콘셉트인 아이방을 같은 계열의 그린색 조명으로 교체하니 인테리어가 한결 돋보인다.

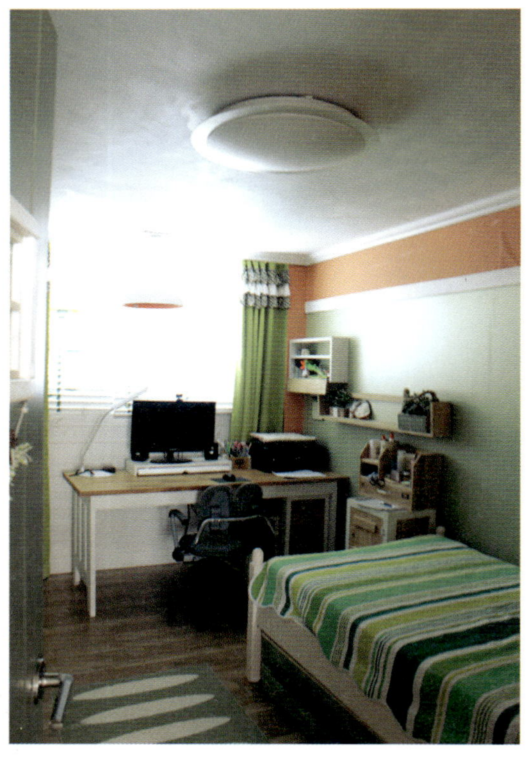

조명 교체 전.

1_ 조명을 교체하기 전, 반드시 두꺼비집 전등 버튼을 내린다.

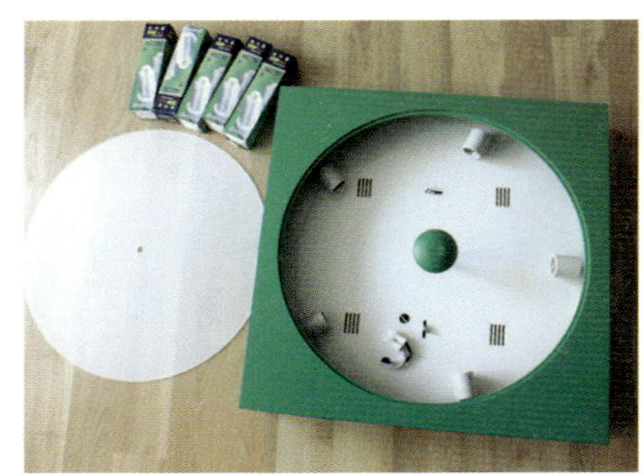

2_ 교체할 조명(바이빔 큐스퀘어 5등).

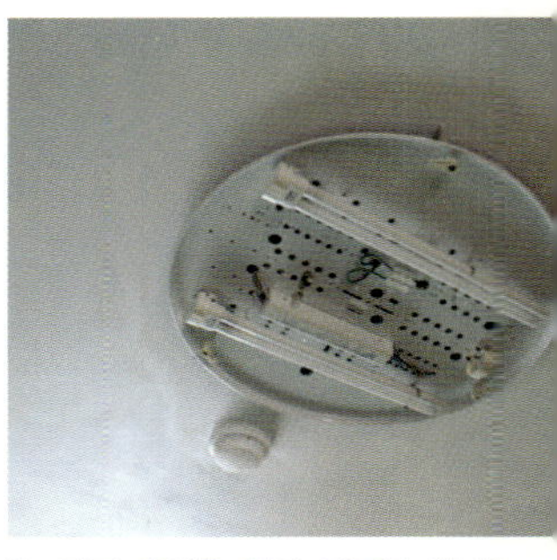

3_ 전등 뚜껑을 열어 전구를 뺀 후, 피스만 제거하면 쉽게 없앨 수 있다.

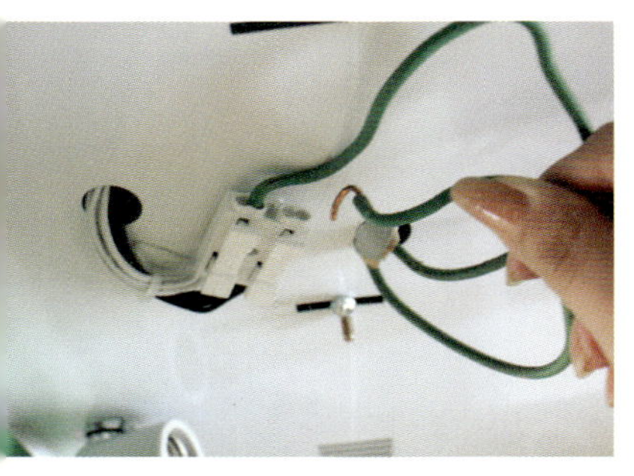

7_ 천장에서 나온 전선을 사진에서 보는 구멍에 하나씩 힘껏 끼워넣는다. 보통은 새로 설치할 전등의 전선과 천장에서 나온 전선을 서로 연결하고 절연테이프를 감아주면 된다.

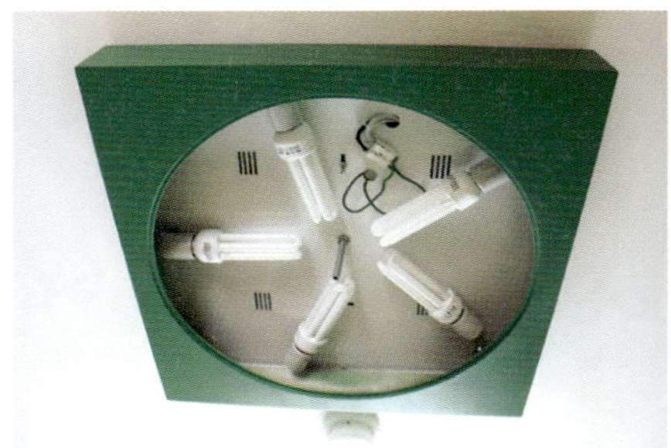

8_ 전구를 끼운다.

9_ 두꺼비집 전등 버튼을 올려준 후 불이 들어오는지 확인한다.

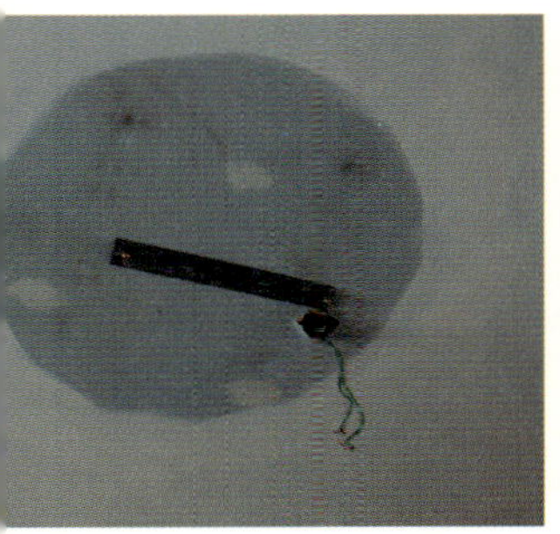

4_ 천장에 설치되어 있던 철물. 사이즈가 맞다면 교체 없이 그대로 설치하여도 무방하다.

5_ 새 방등에 들어 있던 천장 고정용 철물을 박아준다.

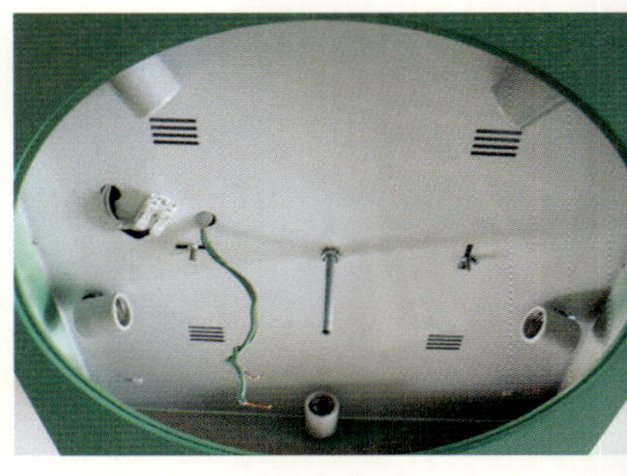

6_ 천장에서 나온 전선 두 가닥을 조명의 본체 구멍으로 빼주고, 철물과 조명의 구멍을 맞춰 끼워준 후 조임피스로 돌려서 고정해준다.

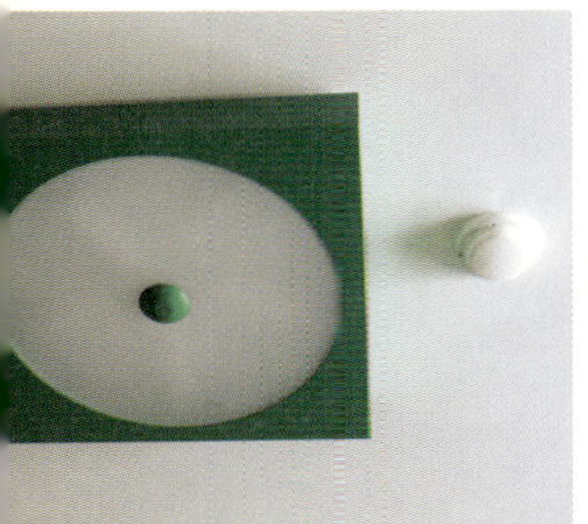

10_ 유리 덮개를 덮어 완성.

11_ 조명을 바꿔주니 방 안의 분위기가 확 달라진다.

Hamami's
Lovely House

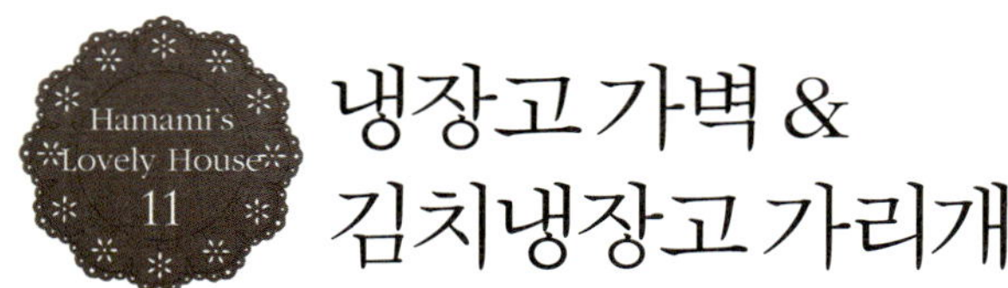

냉장고 가벽 &
김치냉장고 가리개

폭이 넓은 냉장고 옆면은 볼 때마다 가려주고 싶은 충동이 들었다. 냉장고 옆면에 가벽을 세우고 그 옆에 위치한 김치 냉장고에도 가리개를 만들어서 가려주니 보기에도 아늑하고 사용하기도 편리한 아이디어 공간이 새롭게 태어났다. 오래된 가전제품의 디자인이 식상할 때 도전해볼 만하다. 가전제품은 열을 발산하므로 여건이 된다면 공간을 약간 떼어두고 설치하기를 권장한다.

냉장고와 김치냉장고.

COFFEE WAS LT.
INTRODUCED TO BRAZIL
MEMO
ESPRESSO
CAFELATTE
CAFEMOCHA
CAPPUCCINO

1_ 김치냉장고 앞면 사이즈에 맞게 9cm 폭, 4T의 구조재로 형태를 만들어준다. 포인트는 아래쪽에 바퀴를 달아주는 것. 바퀴가 달려 있으면 문을 열고 닫을 때 편리하다.

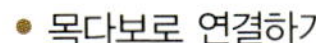

● 목다보로 연결하기

2_ 사이즈에 맞게 재단 주문한 원목패널을 끼워준다.

3_ 원목패널의 무게가 있으므로 안쪽에서 드릴로 구멍을 뚫고 나사못으로 박아준다.

7_ 가벽의 뒤쪽에서 원목패널을 박아준다.

8_ 냉장고 위쪽 선반을 얹어줄 지지대를 미리 박은 모습.

9_ 고정은 위쪽에 꺽쇠를 박아서 한다.

4_ 원목패널을 박아준 모습.

5_ 냉장고 가벽의 형태. 구조재 폭 9cm, 4T. 사이사이 선반으로 사용도 하고 형태를 유지할 수 있는 지지대를 박아준다.

6_ 잡지나 달력 등을 수납할 수 있는 가리개를 안쪽에서 꺽쇠로 미리 고정한다.

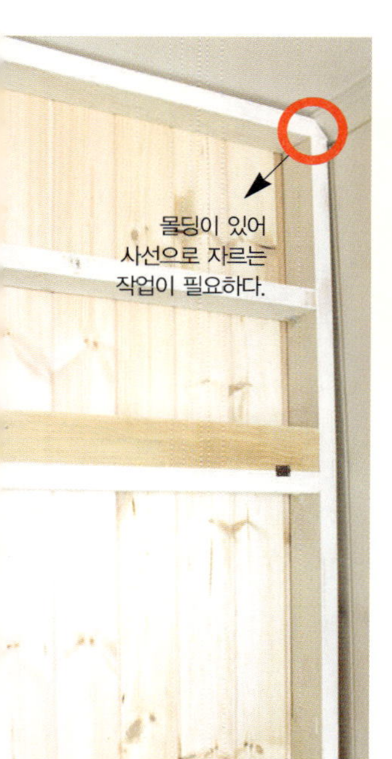

10_ 가벽을 세운 모습.

11_ 김치냉장고 가리개를 냉장고 가벽에 경첩으로 연결한다.

12_ 벤자민무어 리갈 페인트 아이보리 화이트로 페인팅한다.

13_ 포인트로 액자를 걸어주면 완성.

14_ 가리개의 안쪽에는 중요한 알림장 등을 보관할 수 있도록 집게를 붙여주었다.

15_ 아까운 자투리 공간인 냉장고 윗부분에는 버리려던 수납장 날판을 재단해서 올렸다. 덩치가 큰 주방용품을 보관한다.

16_ 목봉을 얹어줄 목재를 박아준다.

17_ 누빔 커트지를 구입해서 테두리를 모두 박아준다. 위쪽은 고리 형태로 만들어주고 커튼 봉을 잘라서 끼워준다.

18_ 냉장고 위를 깔끔하게 가려주었다.

타일 대신 화이트 원목패널을 설치한 주방

5년쯤 전에 셀프로 엔틱 메탈 주방 타일을 시공했었다. 처음 엔틱 메탈 타일을 시공했을 때는 싱크대가 깔끔한 화이트와 월넛 색상이라서 포인트로 나름 괜찮았지만, 싱크대를 빈티지스럽게 리폼하면서 주방 분위기를 반감시키는 요인이 되었다. 빈티지 싱크대의 느낌을 살리기 위해 과감하게 타일을 제거하고 원목패널을 시공했다.

싱크대가 화려하다면 주방 벽은 단순한 색상으로, 싱크대가 단조로운 색상이라면 주방 타일을 화려한 색감으로 포인트를 주자.

fish
Coway

1_ 빈티지스럽게 리폼한 싱크대와 타일 때문에 주방이 산만해 보인다.

2_ 조각조각 잘라 붙였던 타일도 마음에 들지 않았다.

3_ 주방 후드는 무게가 있어 남편의 도움을 받아 제거했다. 후드의 안쪽 나사못을 빼고 살짝 들어 올려 제거하면 된다.

4_ 싱크대 상판에 비닐을 깔아주면 시공 후 청소할 따 편하다.

5_ 타일의 뒷면에 끌을 끼워넣고 망치로 쿵쿵 쳐서 타일을 떼어낸다.

6_ 기존의 타일 위에 덧방으로 시공했던 터라 제거하고 나니 원래의 타일이 드러났다

7_ 타일 접착제를 100% 제거할 필요는 없지만, 멀티2프로를 이용해서 벽면을 편평하게 만들어주었다. 끌과 망치를 이용해도 무방하다.

8_ 주방 벽에 시공할 원목패널. 싱크대 위쪽으로 들어갈 길이를 생각해서 2~3cm 여유 있게 재단, 주문했다.

9_ 파텍스 실리콘으로 고정한다.

13_ 우려했던 가스레인지 옆면의 더러움도 기존의 타일보다 훨씬 청소하기가 쉬워졌다. 정신없던 타일 대신 원목패널을 시공하고 화이트로 깔끔하게 페인팅하니, 빈티지 스타일로 리폼했던 싱크대가 훨씬 부각되어 멋스러운 주방이 되었다.

10_ 콘센트 부분을 다내고 깔끔하게
시공한다.

11_ 후드가 달려 있던 벽면도 원목패널을 시공한
후 페인팅했다. 후드가 걸릴 걸쇠 부분의 타일
은 그대로 둠.

12_ 내구성이 좋은 벤자민무어 리갈 아
이보리 화이트로 총3회 페인팅한다.

● 방수 기능을 생각해서 아버코트 투명
을 2회 칠해주었다.

남부럽지 않은 주방을 갖다

처음 식탁 벽면을 리폼할 때는 길이가 긴 목재를 구하기가 쉽지 않았다. 요즘은 집에서도 배송료만 추가하면 얼마든지 긴 목재를 받아볼 수 있으니 마음먹은 대로 인테리어하기가 쉬워졌다. 오래전부터 하고 싶었던 가로 원목패널을 설치하고 은은한 색상의 페인트로 칠해주니 잡지에 나오는 주방 부럽지 않다.

Fais De Beaux Reves
POUR LES ENFANTS
MAISON OLIVIER P. BADEAU
Happuie sa tete ici ce soir
RUELA CONDAMINE PA
NATURAL

1_ 처음 우리 집의 모습. 짙은 월넛색 패널 위에 옹이패널이 세로로 시공되어 있다. 짙은 월넛 색상은 모두 화이트로 페인팅했다.

2_ 패널의 길이가 짧아서 어쩔 수 없이 세로로 시공했던 식탁 벽면 모습.

3_ 옹이패널을 제거했다.

7_ 스프러스 원목패널의 느낌만으로도 너무나 멋진 주방으로 변신했다.

8_ 식탁 벽과 나란히 연결되는 화장실과 아이방 사이의 벽면도 옹이패널을 제거했다.

9_ 스위치 부분을 따내고 시공한다.

4_ 사이즈에 맞춰 주문한 스프러스 원목패널을 구입.

5_ 아래쪽부터 파텍스 실리콘으로 쏘아 가로로 고정한다.

6_ 사이즈에 맞춰 재단, 주문하면 쉽게 시공할 수 있다. 최대한 오차없이 정확하게 측정하여 주문하는 것이 중요하다.

10_ 가로로 시공하니 안정감이 들면서 넓어 보인다.

11_ 페인팅을 위해서 마스킹테이프를 붙여준다.

12_ 푸른빛이 살짝 도는 페인트 선택(벤자민무어 리갈페인트:1479 Alaskan Husky).

13_ 홈을 먼저 페인팅하고 거친 붓으로 나뭇결 반대 방향으로 페인팅했다.

14_ 너무 꼼꼼하지 않게 여러 번 반복해서 칠해주는 것이 요령이다.

15_ 롤러로 단순하게 칠하는 것보다 붓으로 여러 번 반복해서 칠해 주면 고급스러운 수제 벽면의 느낌을 연출할 수 있다.

16_ 한결 넓어 보이는 주방 완성.

17_ 허전한 벽면에는 오래전에 만들었던 프로방스 풍 목창을 걸어 장식했다.

18_ 완성.

유럽풍 주방을 꿈꾸며,
화이트 후드를 탐하다

인테리어 잡지에서 보던 유럽풍 화이트 후드가 너무 탐이 나서 도전해보았다. 차가운 스테인리스 재질의 후드를 화이트 후드로 바꾸어주니 화사하고 부드러운 분위기의 주방이 연출되었다. 다양한 컬러로 주방에 포인트를 주어도 멋질 듯하다. 무엇보다 사용하기 불편하면 안 되므로 페인트 선택에 신중을 기해야 한다.

ORIGINALLY TAKEN

1_ 차가운 스테인리스 재질의 주방 후드.

2_ 철제, 목재 전용 페인트인 벤자민무어 초강력 프라이머 스틱스, 슈퍼스펙 메탈을 사용.

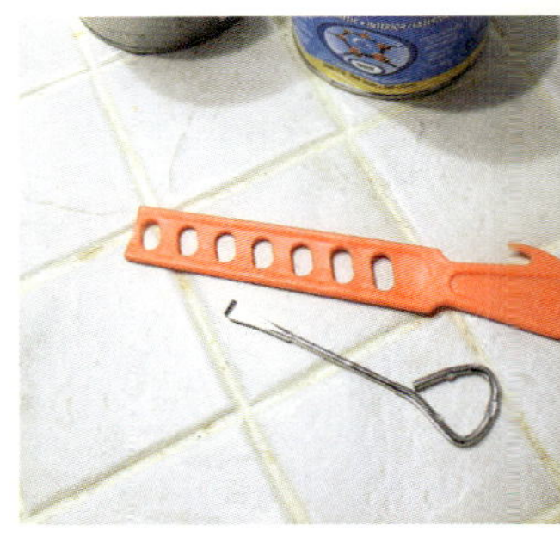

3_ 페인트 오프너와 젓개. 페인트 뚜껑을 쉽게 열 수 있고, 젓개에 구멍이 있어서 페인트가 고루 잘 섞인다

7_ 넓은 면적은 롤러로 칠한다.

8_ 프라이머 2회 칠하기. 충분히 말린다.

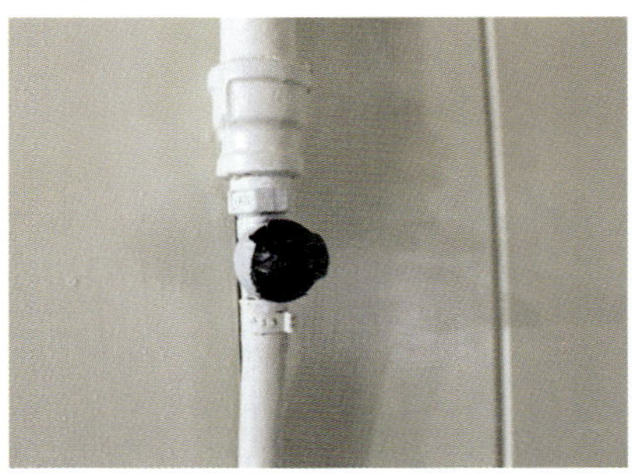

11_ 가스밸브도 화이트로 칠해준다.

12_ 확실한 오염 방지 코팅을 위해 아버코트 투명을 2회 해주었다. 코팅이 완벽히 잘되어 스테인리스 재질일 때보다 청소가 훨씬 수월해졌다.

4_ 페인트는 항상 사용 전에 젓개나 나무젓가락 등으로 충분히 섞은 후 사용한다.

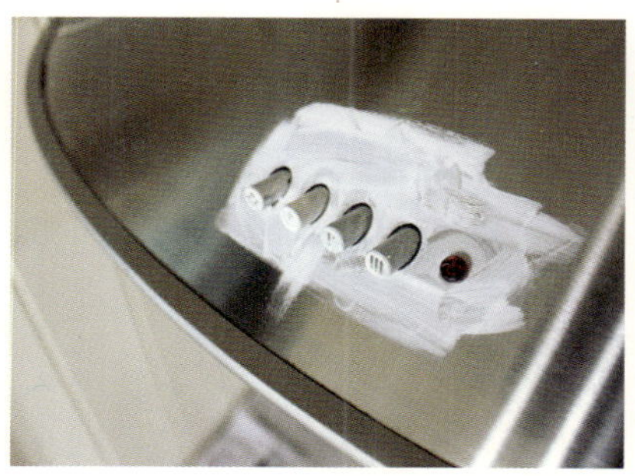

5_ 프라이머 바르기. 미술용 작은 붓으로 버튼 부분과 모서리 부분을 먼저 칠해준다.

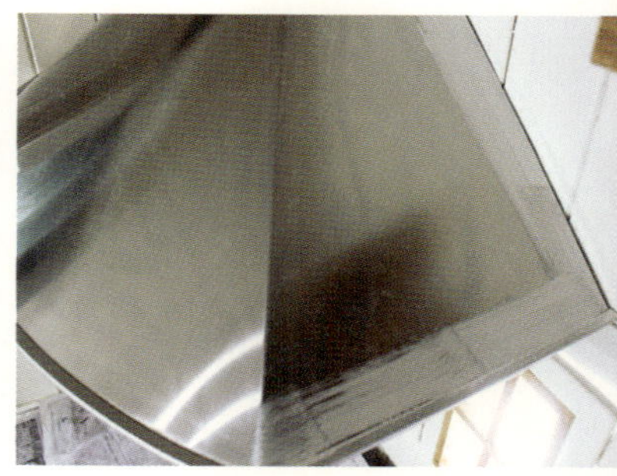

6_ 단, 후드의 아랫부분은 칠하지 않는다.

9_ 슈퍼스펙 메탈. 일반 수성 페인트보다 마르는 데 시간이 조금 더 걸리므로 여유를 갖고 재칠하는 것이 좋다.

10_ 총3회 페인팅한다.

13_ 깔끔한 화이트 후드.

14_ 포인트로 그래픽 스티커 문구를 붙여준다.

15_ 감각적인 유럽풍 화이트 후드 완성.

데크 깔린
보송보송한 베란다

여름에 맨발로 나가서 따뜻한 햇살을 맘껏 누릴 수 있는 데크 깔린 보송보송한 베란다
를 갖고 싶었다. 누수 현상이 심해 장마철만 되면 베란다에 물이 흥건히 고였는데, 에
어컨 실외기를 설치하면서 뚫은 외벽이 문제라는 걸 발견했다. 아파트 관리사무소의
조언을 얻어 철물점에서 토끼코크를 구입, 비닐장갑을 착용하고 외벽의 구멍을 보수
해서 베란다 누수 현상을 해결했다. 그렇게 원하던 베란다 데크 깔기 작업을 시도해보
았다.

HAVE YOUR WOODY
No Appointment Necessary!
SERVICED HERE
73
Hand over the
CHOCOLATE
and nobody gets hurt!

1_ 에어컨 실외기 때문에 뚫은 외벽의 구멍 때문에 비가 오면 누수 현상이 생겼다.

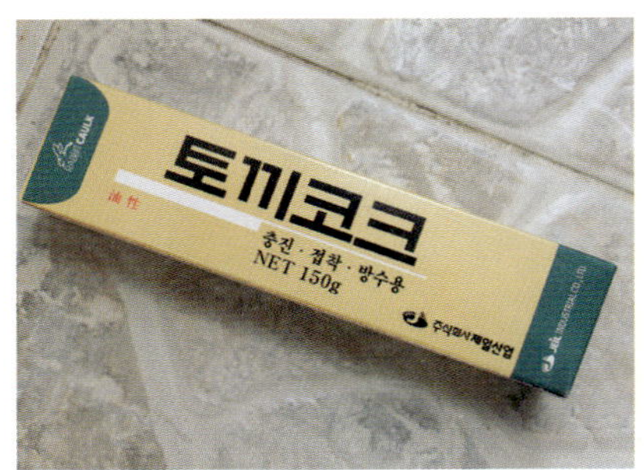

2_ 철물점에서 구입한 토끼코크.

3_ 비닐장갑을 끼고, 토끼코크를 짜서 외벽의 구멍을 보수해주었다. 드디어 베란다 누수 현상이 해결되었다.

7_ 같은 방법으로 베란다 전체를 작업하기 편하도록 나누어서 골조재를 설치한 후, 데크재를 깔아준다.

Hamami's
Lovely House

4_ 먼저 데크재를 깔기 위한 바닥 골조 작업을 한다. 바닥 골조재는 사진처럼 적당한 크기로 나누어 만들어야 청소할 때 들어내기 편해서 좋다.

5_ 골조재의 연결은 꺽쇠를 이용한다. 골조재는 수평이 잘 맞아야 데크재를 박은 후 발로 밟아도 들리지 않는다. 수평이 맞지 않는 곳이 있다면 바닥에 얇은 자투리 판재 등을 넣어 수평을 맞춰야 한다.

6_ 골조재 위로 데크재를 박아준다.

8_ 가지고 있던 데크재를 이용하다 보니 데크의 모양이 일정하지 않다.

9_ 코팅 작업은 벤자민무어 아버코트 반투명 natural cedartone을 사용한다.

10_ 목재의 보호와 방수를 위해서 아버코트 작업을 2회 해주었다.

민트빛 베란다 창고 문 만들기

셀프 인테리어를 하면서 각종 목재와 자재들이 베란다에 쌓이게 되었다. 아파트라는 한정된 공간에서 작업을 하다 보니 베란다는 꾸준히 정리를 해주어야 한다. 오래전 벽지로 대충 발라 놓았던 베란다 창고 문이 보기 싫어서 화사한 민트빛 베란다 창고 문으로 리폼해주었다. 창고 문을 볼 때마다 기분이 좋아진다.

벽지로 대충 붙여 놓았던 창고 문.

창 고
warehouse

1_ 벽지를 제거한다.

2_ 벽에 시공했던 옹이패널을 재활용하여 문의 크기에 맞게 재단한다.

3_ 옹이패널의 테두리를 모서리 대패로 정리해준다.

7_ 벤자민무어 리갈 페인트 HC-137.

8_ 붓으로 2회 페인팅한다.

9_ 손잡이는 검은색으로 페인팅했다.

4_ 패널 사이사이 자연스러운 홈이
생겨 멋스럽다.

5_ 목문이라서 목공 본드를 바른 후 전기타카로 박
아주었다.

6_ 문틀도 옹이패널을 재단해서 박아줬다.

10_ 아이방에 사용했던 인형 얼굴
문패. 털실을 볼펜대에 감아서
글루건으로 고정하여 머리카락
을 표현했다.

11_ 칠판 페인트를 칠해서 창고 문패를 만들었다.
액자 고리를 박아 창고 문에 걸어주면 완성.

페인팅으로 감각적인
세탁실 꾸미기

오래된 아파트의 좁은 세탁실은 볼 때마다 어떻게 정리를 해야 하나 고민이 많았다. 다양한 세탁실 용품들을 깔끔하게 정리할 수 있도록 빈 벽에 선반을 만들어 넣고 문을 달아 가려주었더니 한결 깔끔해졌다. 감각적인 색상으로 페인팅을 하고 칠판 페인트를 적절히 매치하니 더욱 단정해 보이면서도 세련된 분위기를 엿볼 수 있는 공간이 되었다.

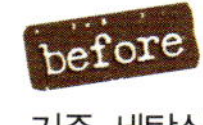

기존 세탁실.

Laundry
세제
섬유유연제
소스류
비닐봉투
보일러실
Boiler room

1_ 노란빛으로 리폼해서 이용하고 있던 세탁실. 빈 벽에 선반을 넣고 문을 달아주었더니 깔끔한 수납이 가능해졌다.

2_ 산만해 보이는 창고 문을 다시 깔끔하게 페인팅해주었다. 프라이머를 2회 칠해준다.

3_ 벤자민무어 어드반스 새틴광-AF 270(Tea Room). 별도의 바니시 작업이 필요 없는 제품이다.

7_ 프라이머를 2회 바르고, 페인트도 2회 칠한다.

8_ 문의 가운데 판재에는 칠판 페인트를 3회 칠해준다.

9_ 경첩과 손잡이도 칠판 페인트로 칠하준다.

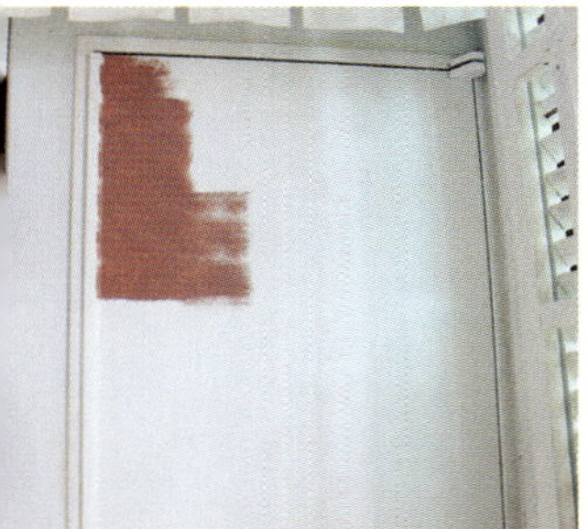

4_ 롤러로 2회 페인팅한다.

5_ 페인트를 잘 말려준다.

6_ 선반의 문들도 같은 색으로 페인팅하
기 위해 떼어준다.

10_ 세탁실의 벽면은 리갈 페인트
AF-310(Subtle). 아주 옅은 노
란빛 페인트이다.

13_ 보일러실 문에도 칠판 페인트로 포인트를 주었다.

11_ 천장을 제외한 세탁실 벽면 전체를 페인팅해준다.

12_ 선반에 문을 달아준다.

14_ 선반의 문에 수납되어 있는 용품의 이름을 적어두면 사용하기 편리하다. 완성.

Hamami's Lovely House

Bathroom

4
Hamami's Lovely House
오래된 가구가
새 가구로 탈바꿈하다

수납형 원목
침대 만들기

버려진 소파 프레임과 책장을 활용해서 만든 아이방 수납형 원목 침대. 좁은 아이방에
침대를 놓고 싶어도 공간이 좁아서 항상 문제였다. 책장을 재활용해 침대를 만들어줌
으로써 침대로도 활용하고 수납도 넉넉해지는 1석 2조의 아이템이 되었다.
기존의 형태에서 과감하게 용도를 변경, 전혀 다른 기능을 가진 새로운 가구 만들기.
약간의 비용을 투자하더라도 새 가구를 구입한 것과 같은 효과가 있으니 버려질 가구
들을 다양한 각도에서 살펴볼 필요가 있다.

아파트에 버려진 소파 프레임을 주워오면서 침대 만들기 프로젝트가 시작되었다.

HY
HY

1_ 큰아이방 정리하면서 나온 책장.

2_ 책장의 다리 부분을 직소로 잘라낸다.

3_ 커다란 서랍장이 놓여 있던 아이방.

7_ 4개의 각재 기둥은 화이트로 페인팅
한다. 폭 6cm 미송 각재.

8_ 침대의 네 귀퉁이에 각재가 들어간다.

9_ 목다보로 각재 기둥을 연결한다.

13_ 스프러스 상판.

14_ 필요한 부분은 꺽쇠로 보강한다.

15_ 원목 침대틀 완성.

4_ 서랍장 대소 책장을 활용한 침대를 놓아주어 부족한 수납을 해결했다.

5_ 목다보로 책장의 높이를 높여준다.

6_ 안쪽은 튼튼하게 꺽쇠로 고정한다.

10_ 침대의 형태.

11_ 침대 옆부분을 마감한다.

12_ 책장에 상판을 올릴 지지대를 박아준다.

16_ 상판은 경첩으로 연결하고 손잡이를 달아준다. 포인트로 장식을 박아준다.

17_ 가벼운 매트를 깔아 간이침대로 사용하기도 하고, 평상처럼 사용해도 된다.

18_ 서랍형보다 수납공간이 많아서 아이들 계절 옷 수납하기에 좋다.

오래된 가구가 아이방 옷장으로
새롭게 태어나다

결혼할 때 가져온 오래된 가구를 아이방 옷장으로 리폼해주었다. 유행에 뒤처진 가구의 앞면을 과감하게 제거하고 새롭게 원목으로 제작해 넣어 처음과 전혀 다른 새로운 디자인의 옷장을 만들었다. 고방 유리를 끼워주어 답답함을 없애고 원목 손잡이를 포인트로 달아주니 원목 수제 가구 부럽지 않은 아이방 옷장으로 새롭게 태어났다.

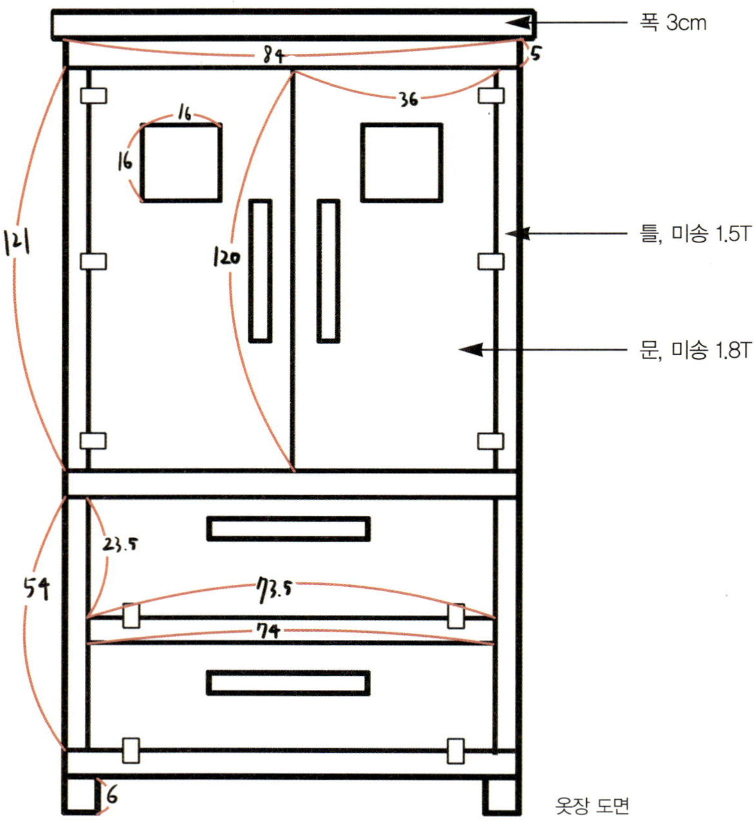

1_ 차단스에 아이가 어려서 타던 그네의 봉을 달아 페인팅해서 옷장으로 사용했다.

2_ 앞면을 모두 제거.

3_ 기존 가구의 양 옆 다리 부분을 직소르 잘라낸다.

7_ 테두리 전체에 이중기리 작업을 하고 나사못으로 박아준다. 나사 못 구멍은 메꾸미로 막아준다.

4_ 미송 6cm 각재를 6cm 길이로 잘라 다리로 사용한다.

5_ 안쪽에서 나사못 작업을 하고, 안전을 위해서 꺽쇠로 보강한다.

6_ 가구의 테두리에 박아줄 미송을 1.5T, 5cm 폭으로 재단한다.

8_ 원하는 사이즈로 재단해서 받은 미송 1.8T. 조각칼로 홈을 파서 원목패널의 느낌을 표현한다.

9_ 문 앞쪽에는 유리를 포인트로 끼워줄 예정이다.

10_ 굵은 드릴 비트로 모서리에 구멍을 뚫어준 후, 직소로 잘라낸다.

11_ 미송을 가늘게 재단해서 창틀을 만들어준다.

12_ 파텍스 실리콘으로 유리를 고정하고, 원목 창틀은 타카로 박는다.

13_ 화이트 페인트(벤자민무어 리갈 아이보리 화이트)로 칠한다.

17_ 아래쪽은 좁은 공간 활용을 위해서 고정쇠로 문을 고정한 후, 원목 손잡이를 달아주었다.

18 서랍형이 아니라서 수납이 훨씬 많이 된다.

19_ 맞춤 옷장 완성.

14_ 원목 손잡이를 달아준다.

15_ 경첩으로 문을 달아준다.

16_ 아래쪽도 사이즈에 맞춰서 목재를
주문한다.

오래된 가구가 아이방
다용도 유리 수납장으로 변신

오래된 가구가 맘에 들지 않는다면, 디자인과 크기를 변경해서 리폼해보자. 처음과는 전혀 다른 새로운 가구로 재탄생한다. 좁은 아이방에 어울리게 가구의 높이를 낮추고 앞면에는 언밸런스한 원목 유리문을 달아 새롭게 제작했다.

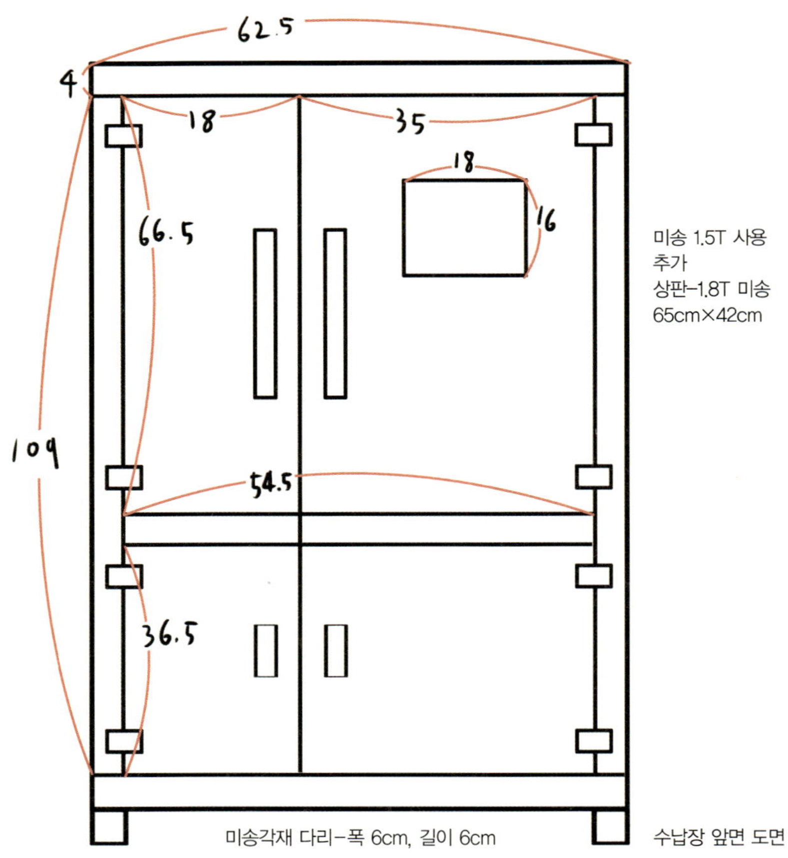

1_ 버려진 가구를 주워와서 내 스타일로
페인팅하고 리폼해서 사용했던 기존
유리 수납장.

2_ 가구를 과감하게 잘라서 원하는 높이로 낮춰준다.

3_ 직소로 자른다.

7_ 안쪽에서 드릴로 구멍을 뚫어 나사못
으로 다리를 박아준다.

8_ 기본 틀 완성. 나중에 상판을 박아주면 된다.

9_ 필요한 크기의 미송을 재단, 주문
했다.

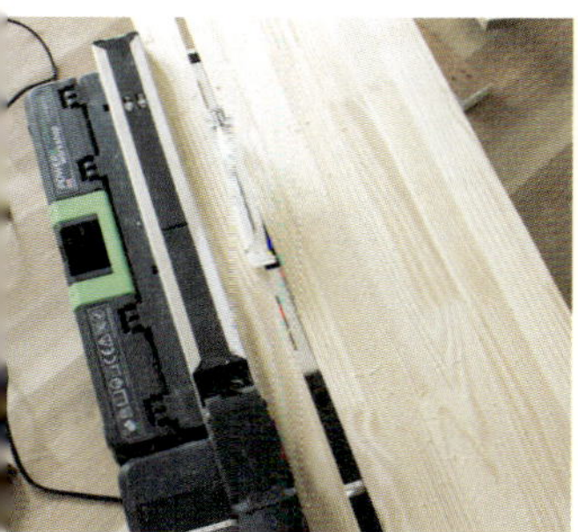

4_ 가구 틀은. 1.5T, 폭 4cm로 재단
한다.

5_ 폭 4cm 목재로 테두리를 두른다. 목공 본드를
바르고 타카로 촘촘히 고정했다. 이중기리로
구멍을 뚫고 나사못으로 고정해도 좋다. 가구
의 옆면에도 목재를 덧댈 것을 염두에 두고 테
두리를 고정해야 한다.

6_ 6cm 폭으로 각재를 잘라 다리를 만
든다.

10_ 경첩은 악센트 스프레이로 색상
을 변경한다. 이때 경첩에 사용
할 피스도 함께 스프레이하면
통일감을 줄 수 있다.

11_ 리갈 아이보리 화이트로 페인팅한다. 우드 손
잡이는 스테인을 바른다.

12_ 큰 문을 제외한 다른 문들은 경첩으
로 달아준다.

13_ 큰 문은 유리를 끼워주기 위해서 드릴로 구멍을 뚫고 직소로 잘라낸다.

14_ 창틀을 이중으로 만들어서 박아준다.

15_ 유리를 파텍스 실리콘으로 고정하고 액자방망이를 박아서 안전장치 를 한다.

19_ 기존 가구의 높이를 낮추고 문을 제작하여 새로운 가구로 탄생시켰다.

16 유리문 만들기.

17_ 자석 고정쇠로 문을 고정한다.

18_ 문을 경첩으로 고정하고 상판을 박
아주면 완성.

Hamami's Lovely House 4

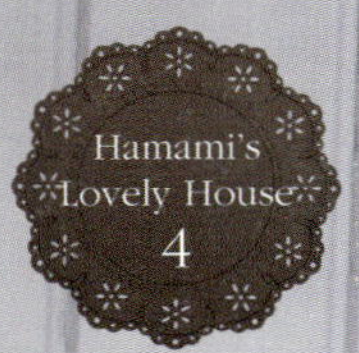

싱크대 상부장이 안방 수납장으로 재탄생

몇 년 전 주방 리폼을 하면서 떼어두었던 싱크대 상부장이 안방 수납장으로 다시 태어났다. 보라색 벽면과 잘 어울리는 깔끔한 화이트 색감으로 다시 한 번 재리폼했다. 화장품과 속옷을 수납하고 있다. 싱크대 상부장이라는 기본적인 틀을 이용해 저렴한 비용으로 멋진 수제 가구를 만들었다.

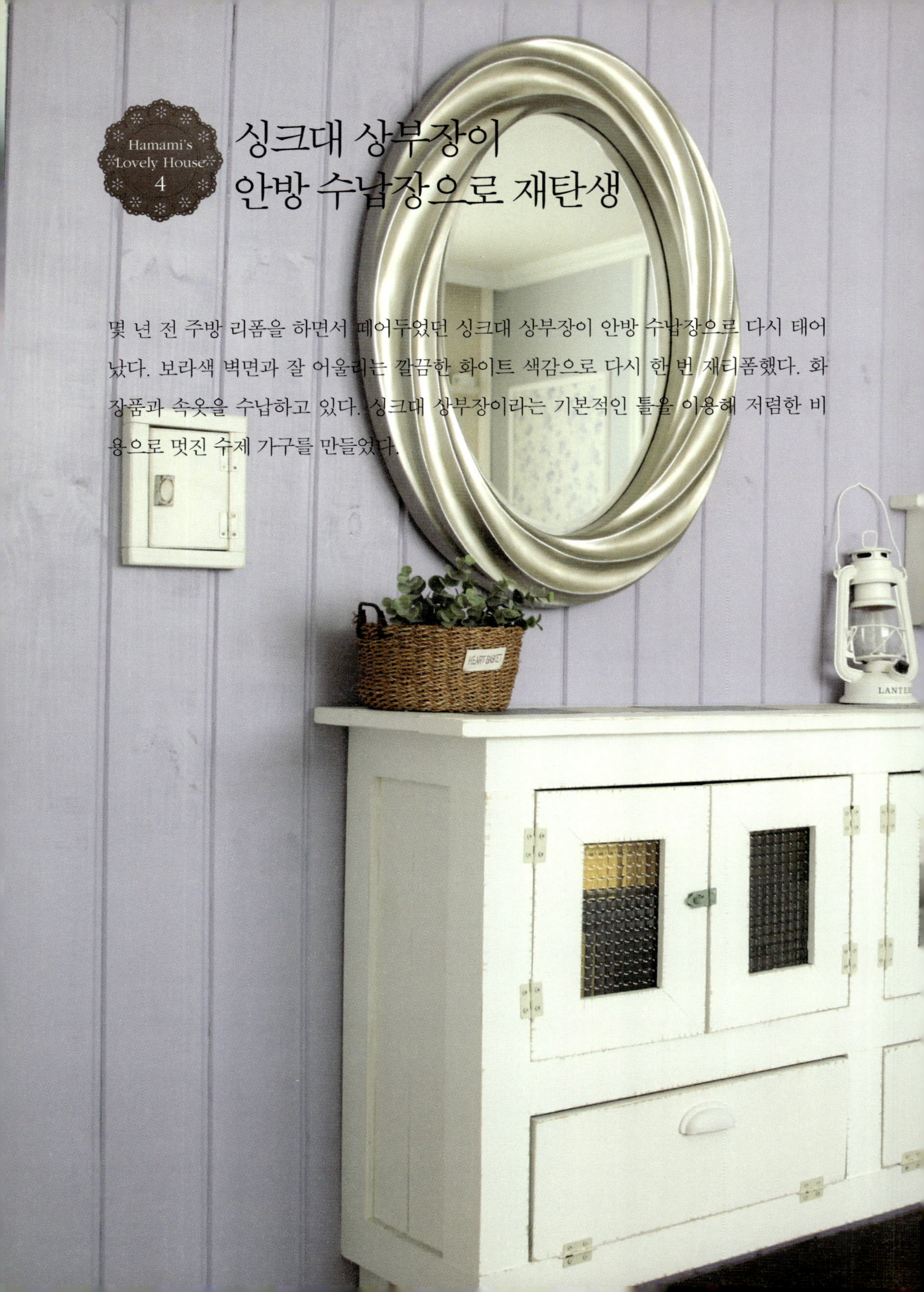

ROOM 1

1_ 싱크대 상부장을 리폼해서 사용하던 수납장. 주워온 식탁 다리를 잘라 다리로 만들고, 상판은 타일 작업을 해주었다. 문의 크기가 일정치 않고 잠금장치도 불편해서 재리폼을 결정했다.

2_ 리폼사이트에서 문 사이즈에 맞게 주문했다.

3_ 목공 본드를 바르고 타카로 박아 준다.

7_ 메꾸미 작업은 별거 아닌 것 같지만, 완성도를 높이는 작업이므로 페인팅 하기 전에 들뜬 부분이나 나사못 구멍 등을 메우면 깔끔한 리폼을 할 수 있다.

8_ 수납장에 맞춰본다.

9_ 화이트 색으로 페인팅한다.

4_ 안쪽에 ㄱㅈ-평철을 박아 보강하기.

5_ 맞춤 주문해도 약간의 홈이 생긴다.

6_ 홈을 메꾸미로 메워준다.

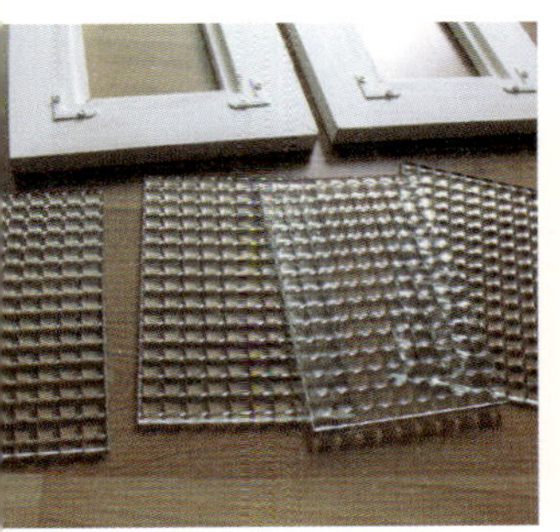

10_ 사이즈에 맞게 고방 유리를 주문한다.

11_ 문의 안쪽 홈에 파텍스 실리콘으로 군데군데 쏘아 유리를 고정한다.

12_ 액자 방망이를 박아서 안전장치를 해준다.

13_ 아래쪽 문도 화이트 색으로 페인팅했다.

14_ 사용할 경첩과 나사못은 악센트 스프레이를 뿌려 말려주었다. 나사못은 자투리 나무에 박아서 스프레이를 뿌리면 편리하다.

15_ 나사못에 스프레이를 뿌려주는 일은 무척 번거로운 작업이지만, 결과물을 보면 만족스럽다.

16_ 모두 화이트 색으로 깔끔하게 마무리.

17_ 그린색의 잠금장치를 박아 주었다.

18_ 손잡이를 따로 박지 않고 잠금장치만 달아주니 편리하다.

19_ 싱크대 상부장을 안방 수납장으로 리폼 완성.

Hamami's Lovely House 5

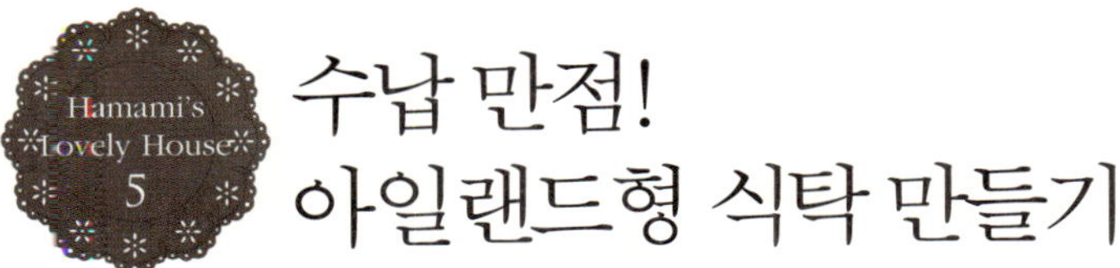

수납 만점! 아일랜드형 식탁 만들기

주방에 싱크대 상부장을 떼어내면서 넓어 보이는 효과를 얻었지만, 반면 수납공간이 부족해졌다. 기존의 대리석 식탁을 치우고 수납도 가능한 아일랜드형 식탁 만들기에 도전. 큰 가구를 만들려면 들어가는 목재 값도 만만치 않아서 기존에 가지고 있던 수납장을 재활용하여 만들었다. 꼭 필요한 목재와 타일의 비용 지출만으로 수납 만점의 아일랜드형 식탁을 만들었다.

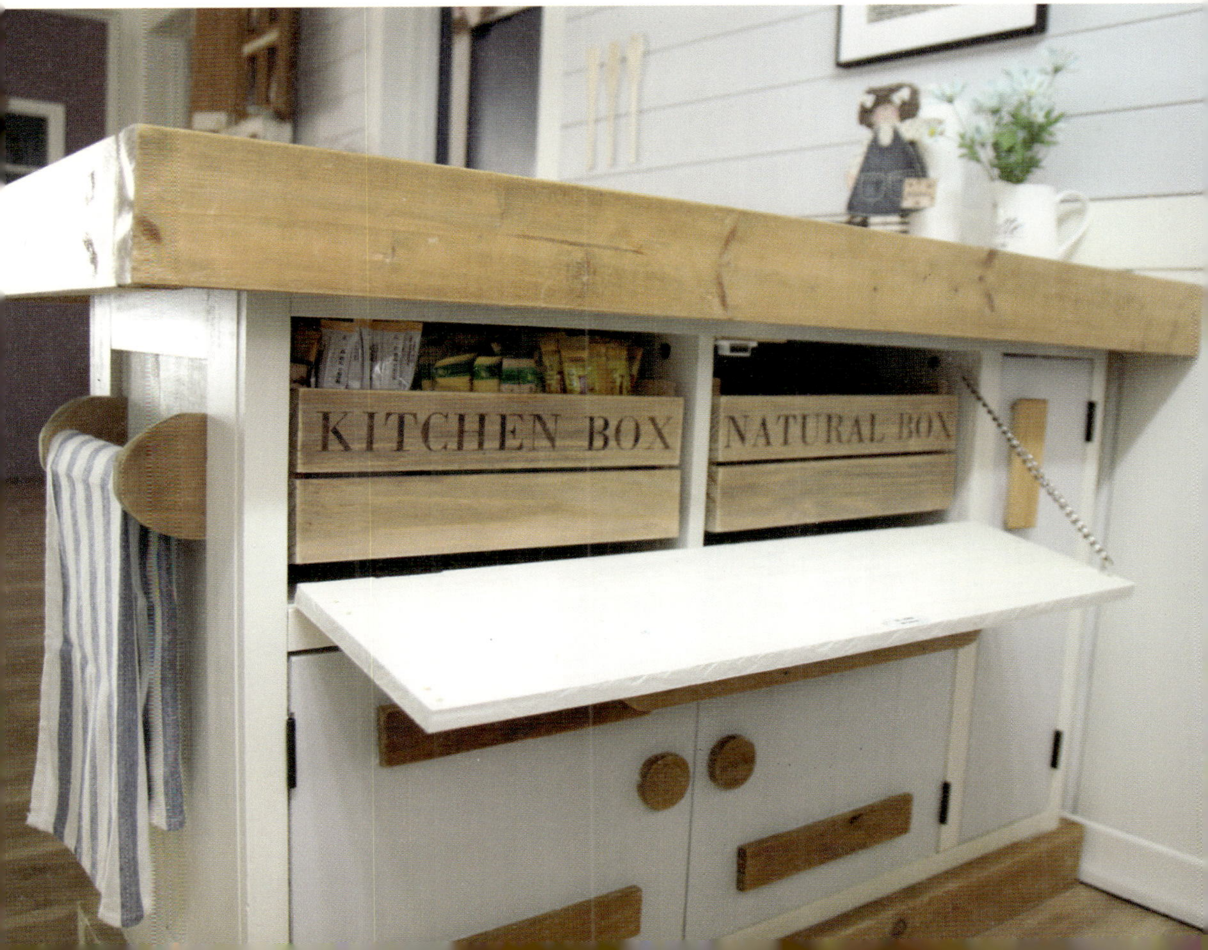

1_ 기존에 사용하던 대리석 식탁.

2_ 아이방에서 사용하던 수납장을 재활용.

3_ 수납장만으로는 작아 버리려던 컴퓨터 책상을 분해하여 연결했다.

4_ 컴퓨터 책상을 나사못으로 박아 길이를 늘려주었다.

5_ 화이트 색으로 페인팅.

6_ 뒷면에 패널을 박아준다.

7_ 구조재 4T, 폭 9cm의 도톰한 목재로 아래쪽 테두리를 둘러준다. 드릴 비트로 구멍을 뚫고 나사못을 박아준다.

8_ 미송 1.5T, 폭 6cm로 재단한다.

9_ 옆면, 뒷면, 앞면의 테두리에 박아준다.

13_ 원목 손잡이를 달아주어 앞면 완성.

14_ 수납장 상부는 자석 고정쇠로 문을 고정하고, 체인을 연결해 문이 아래로 떨어지지 않게 했다.

15_ 서랍을 사용하기 위해 양쪽 수평을 맞춰 레일을 달았다.

19_ 식탁의 상판 테두리는 구조재 4T, 폭 9cm의 목재를 사용했다.

20_ 타일이 놓일 바닥판도 재활용 판재를 잘라서 이용했다.

21_ 스테인을 발라주고 사포질한다.

10_ 앞면은 폭 3cm로 재단해서 박
았다.

11_ 문은 기존 수납장 문을 재활용했는데, 조각칼로
패널 느낌이 나게 홈을 판 후 페인팅했다.

12_ 다른 문은 미송 1.5T로 모서리 대
패로 다듬어주고, 화이트 색으로 페
인팅했다.

16_ 서랍은 버려진 서랍장을 잘라서
재활용했다. 갈판만 교체하고 스
텐실해 주었다.

17_ 레일식 서랍이라서 사용하기 편리하다.

18_ 옆면에는 목봉을 이용해서 주방 수
건걸이를 만들었다.

22_ 목다보로 목재를 연결한다. 목다
보로 목재를 연결하면 나사못 구
멍이 보이지 않아 깔끔하다.

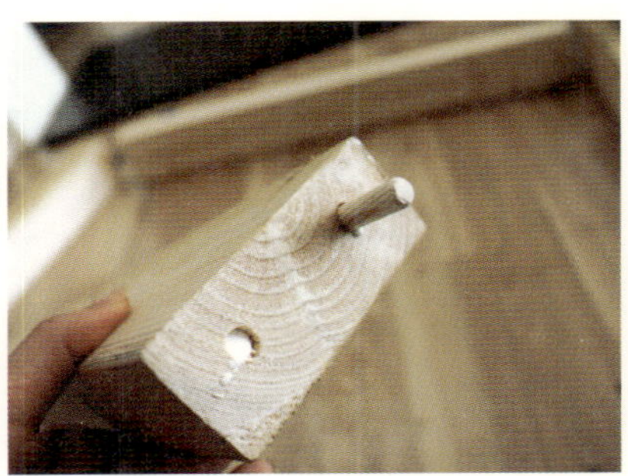

23_ 드릴로 구멍을 뚫고 목공 본드를 넣어준 후 목
다보를 박아넣는다.

24_ 반대쪽도 마찬가지로 구멍을 뚫고
목다보를 끼워 넣는다.

25_ 사용한 타일은 그래피티 화이트 타일. 타일의 가로, 세로를 계산하고 줄눈제 간격도 생각해서 상판의 크기를 결정했다.

26_ 상판의 바닥판 세 군데에 각재로 지지대를 만들어주고 꺽쇠를 충분히 이용해서 고정한다.

27_ 타일 시공하기. 타일 접착제로 타일을 붙여준 후 줄눈제를 반죽해서 타일 사이사이에 넣어준다. 줄눈제 반죽은 되직하게 큰다. 줄눈제가 마르면 고운 사도로 줄눈제를 정리해준 후 바니시를 발라준다. 바니시는 3회 이상 해주어야 오래 사용해도 더러워지지 않는다.

28_ 타일 작업 완성.

29_ 상판은 몸체와 꺽쇠로 여러 개 연결하여 고정한다.

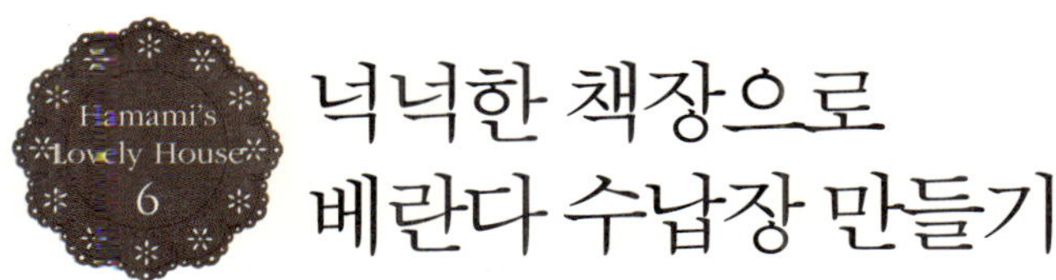

넉넉한 책장으로
베란다 수납장 만들기

셀프 인테리어를 하면서 하나씩 늘어가는 페인트와 리폼 관련 부자재들을 정리해줄 수납장이 필요했다. 삼나무 책장에 도어를 추가로 주문하고, 가로로 눕혀 다리를 달아주니 넉넉한 수납이 가능한 베란다 수납장이 되었다. 원형 도어 장식을 해주니 마치 캐비닛 같은 느낌이다. 아이방 수납장으로 활용해도 좋다.

파파나무에서 주문한 삼나무 책장. 2.4T의 두툼한 책장이라서 무거운 페인트류를 수납하기에도 적당하다. 원래는 문이 없는 책장인데 문을 추가로 주문했다.

HAVE YOUR WOODY
SERVICED HERE
Hand over the
CHOCOLATE
and nobody gets hurt!
5
10

1_ 몸체를 벗나무색 스테인으로 칠한다.

2_ 문을 떼어내서 화이트 색으로 페인팅. 문은 떼어내고 페인팅해야 깔끔하게 칠할 수 있다.

3_ 바니시를 2회 칠해준다.

4_ 달아줄 원목 다리. 브라켓형으로 가구 다리를 달면 좀 더 편리하다. 98쪽 참조.

5_ 목다보를 이용해서 연결한다. 목공 본드는 필수.

6_ 도웰 포인트를 이용하면 반대쪽에 정확하게 구멍을 뚫을 수 있다.

7_ 목다보로 다리를 고정한다.

8_ 원목 다리의 안쪽에는 꺾쇠를 이용해서 튼튼하게 고정한다.

9_ 수납장에 다리를 달기 완성!

10_ 나무 장식 조각에 숫자 레터링을 해 준다.

11_ 도어 장식.

12_ 타카로 도어 장식을 박아준다.

13_ 수납 만점, 베란다 수납장 완성.

● 같은 방법으로 4단 책장에 캐비닛 철물을 박아 무도색으로 수납장 연결. 나중에 페인팅할 예정이다.

ONLY THE FINEST QUALITY
Handmade Crafts
bienvenue
California
NE36Q4
TUS 051
VICTORIA - THE PLACE TO BE

5
Hamami's Lovely House
무에서 유를 만드는
맞춤 DIY 가구 만들기
적구's House

오래된 에어컨에게 새옷을 입히다
— 화이트 원목 에어컨장

좀 오래된 에어컨이긴 하지만, 아직 성능이 괜찮아서 잘 사용하고 있다. 처음의 투박스러움이 싫어서 시트지를 이용해서 1차 리폼을 해주었다. 그러다가 패브릭으로 새옷을 입혀주었는데, 에어컨을 사용하는 여름마다 커버를 벗겨내야 해서 번거로웠다. 그래서 커버를 벗길 필요가 없는 원목 에어컨장을 만들기로 했다.

오래되었다고, 디자인이 낡았다고, 무조건 바꾸지 않고 새로운 디자인의 원목 옷을 입혀주니 신형 에어컨보다 더 멋지게 변신했다.

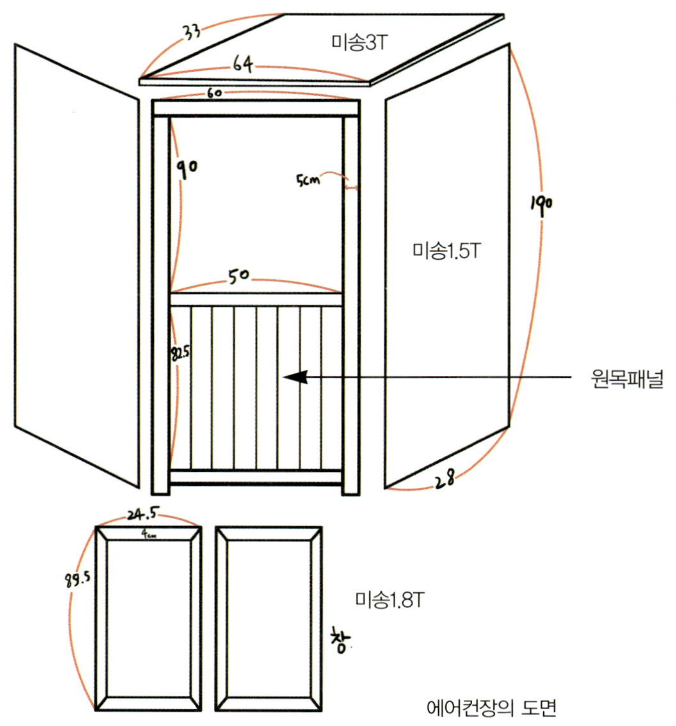

에어컨장의 도면

Moment 02
Moment 02
Welcom
FEED
POURLES ENFANTS
SON OLIVIER P. BADE
RUELA CONDAMINE PARIS

1_ 시트지로 리폼했던 에어컨.

2_ 패브릭 커버를 만들어 씌워주었던 에어컨. 여름마다 커버를 벗겨야 하는 번거로움이 있었다.

3_ 리폼사이트에서 목문을 제외하고 모두 사이즈에 맞는 맞춤 목재를 받았다. 디자인도 멋지고 사용하기 불편하지 않도록 디자인 과정에 많은 시간을 투자했다.

7_ 안 보이는 안쪽에는 평철을 이용해서 튼튼하게 보강한다.

8_ 옆판에 앞판을 올려 전기타카로 촘촘히 박는다.

9_ 안쪽은 꺾쇠로 보강한다.

4_ 앞면 디자인. 아래쪽에는 원목패널, 위쪽에는 목문을 만들어서 달아줄 예정이다.

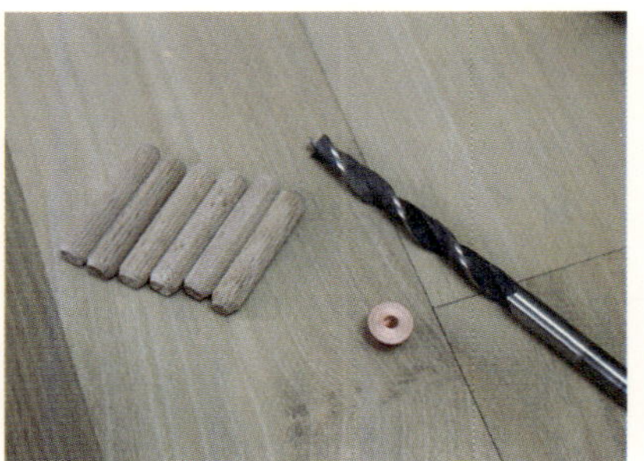

5_ 앞면의 목재 연결은 목다보를 이용한다.

6_ 목공 본드를 듬뿍 발라주고 목재를 연결한다.

10_ 상단 뒷면에 가로로 보강목을 대준다(전체적인 균형을 잡아주는 역할).

11_ 하단에는 원목패널을 전기타카로 박아주었다.

12_ 상판은 모서리 대패로 깔끔하게 정리한다(무게가 있으므로 박지 않고 그냥 얹어준다).

13_ 벤자민무어 리갈 페인트 아이보리 화
이트로 전체적으로 페인팅한다.

14_ 목문 만들기. 파워워크샵으로 각도 절단을 해서
목문을 만들어준다.

15_ 목문은 목공 본드를 바르고 길
이가 긴 타카심으로 박아 고정
한다. 하루 정도 그대로 말려 형
태를 유지해줘야 한다. 마르면
메구미로 홈 메우기를 하고 페
인팅한다.

19_ 커버를 벗길 필요 없이 문을 활
짝 열어놓고 사용하면 된다.

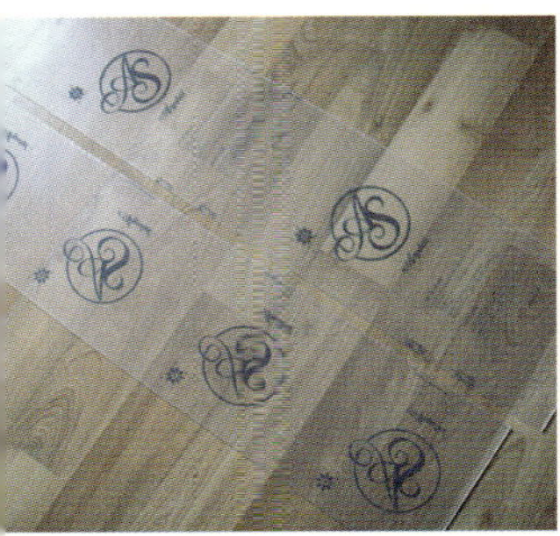

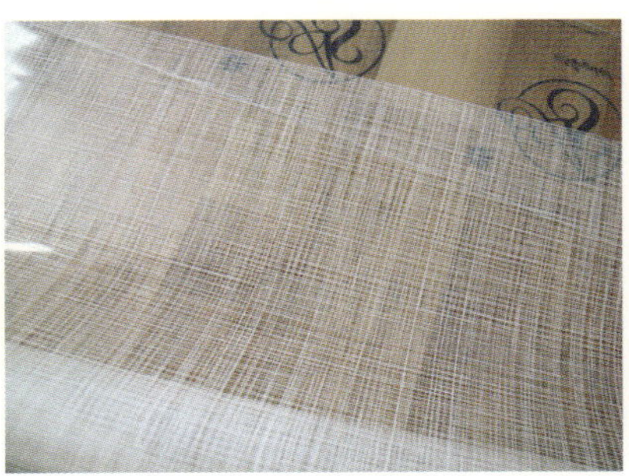

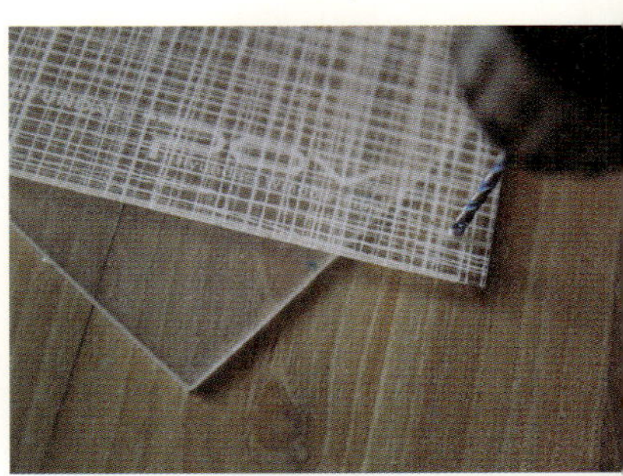

16_ 유리 대신 상대적으로 가벼운 아크릴을 주문했다.

17_ 글라스 시트지에 분무기로 물을 뿌려 아크릴에 붙여준다.

18_ 아크릴은 드릴 비트로 구멍을 뚫어 나사못으로 문 안쪽에 고정한다. 이 때 아크릴이 깨질 수도 있으므로 드릴의 속도를 천천히 해주어야 한다.

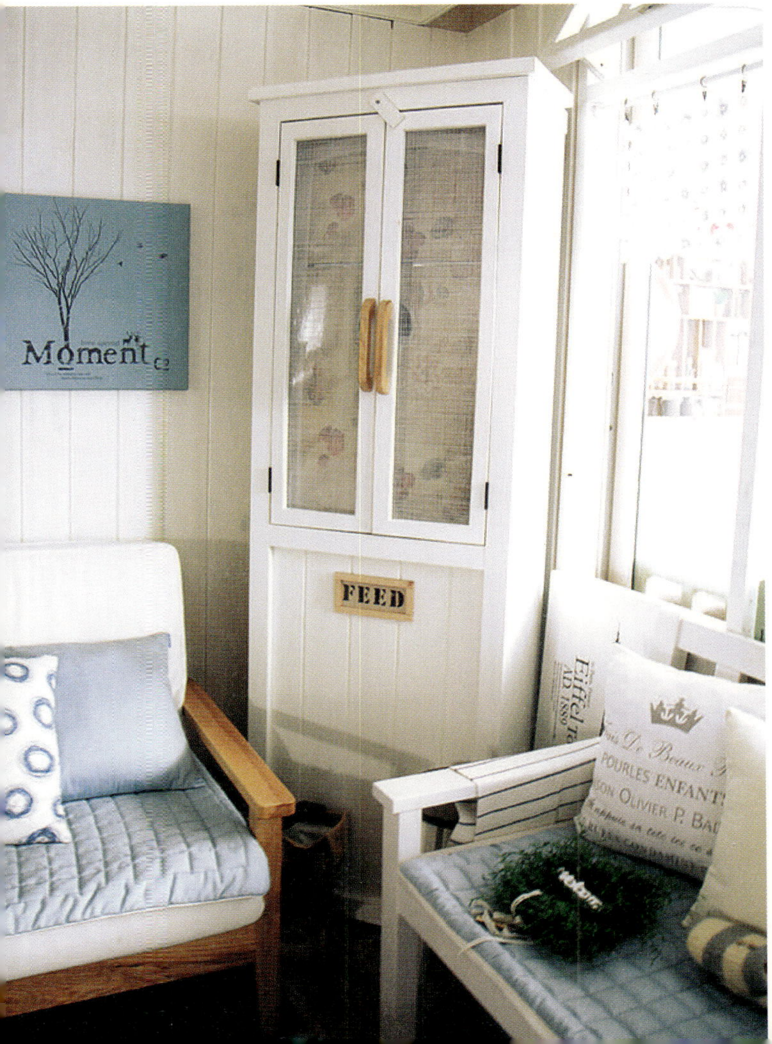

20_ 원목 손잡이를 달아주고, 문 잠금 장치를 만들어서 상단에 박아주면 완성.

Hamami's
Lovely House

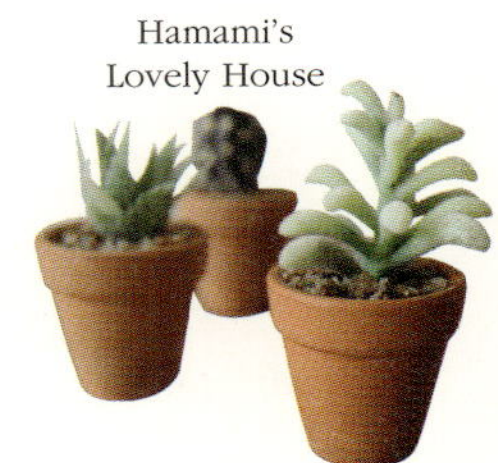

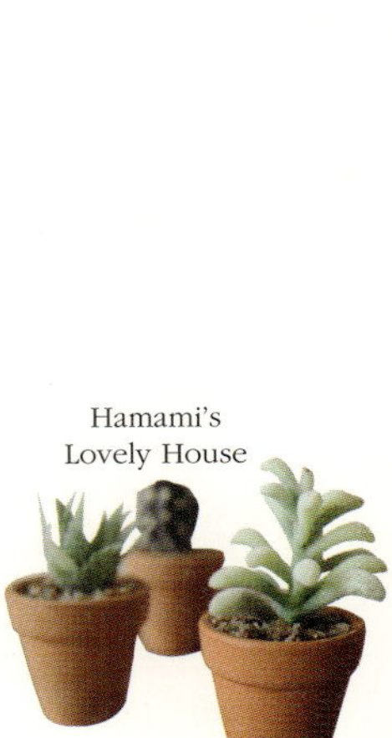

가전제품 가리기 프로젝트
– 원목 TV장

모던한 인테리어에는 가전제품들이 대체로 잘 어울리는 편이지만, 화이트톤의 깔끔한 인테리어를 꿈꾸는 나의 거실에 시커먼 TV가 반가울 리 없다. 그렇다고 남편이 가장 아끼는 TV를 거실에서 없앨 수도 없는 일이다. 그래서 원목으로 멋진 TV장을 만들었다. 필요시에만 열어 시청하고 평소에는 닫아두어 아이들 TV 시청 시간에도 제한을 두니 깔끔한 인테리어는 물론 과도한 TV 시청을 줄일 수 있는 1석 2조의 아이템이 되었다.

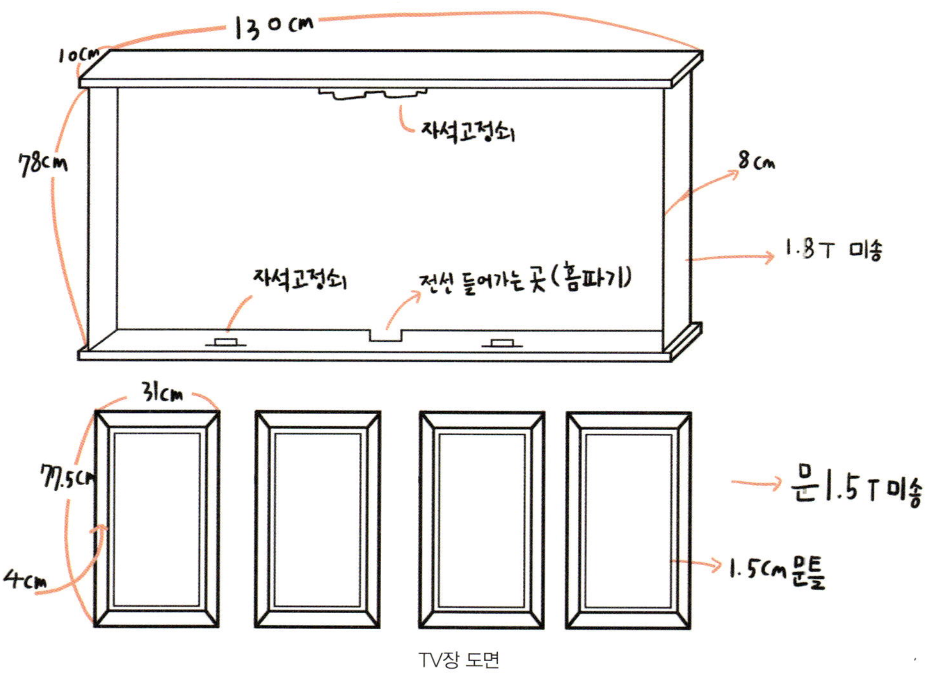

TV장 도면

Time
ONLY THE FINEST QUALITY
Handmade Crafts
bienvenue
TUS 051
VICTORIA - THE PLACE TO BE

1_ 거실에 자리 잡은 커다란 벽걸이 TV. 참고로 우리집 TV는 46인치.

2_ 파워워크샵으로 재단한다.

3_ TV 전선이 들어갈 부분을 잊지 말고 미리 잘라준다.

7_ 파워워크샵으로 45도 각도로 절단해서 문을 만든다.

8_ 목공 본드를 듬뿍 발라준 후 긴 타카심을 쏘아 문을 고정한다. 모양이 잘 잡히도록 하루 정도 고정시킨다.

9_ 목재를 1.5cm로 얇게 재단해서 문의 안쪽 틀을 만든다. 뒷편에 MDF판재를 박을 만큼의 여유를 둔다.

13_ 창의 안쪽에 덧댈 판재 완성.

14_ 문은 접이식 경첩을 이용해서 연결하고 MDF 판재도 문의 안쪽에 박아준다.

15_ 문의 고정은 원목 틀의 위와 아래에 자석 고정쇠를 박아 문을 안정적으로 잡아준다.

4_ 이중기리로 구멍을 뚫고 목공 본
드를 바른 후 나사못으로 튼튼하
게 박아준다.

5_ 사각틀을 모두 박은 모습.

6_ 안쪽의 문을 만들어줄 목재.

10_ 문 4개 완성. 문의 안쪽은 3mm
MDF를 사이즈에 맞게 주문해
사용한다.

11_ MDF에는 리넨 원단을 재단해서 붙여준다.

12_ 스프레이형 접착제를 골고루 분사
한 후 원단을 붙여준다.

16_ 원목 TV장은 꺾쇠를 이용해서
고정했는데, 해머드릴로 벽에 구
멍을 뚫고 칼브럭을 박아넣어
튼튼하게 고정해야 안전하다.

17_ TV에서 배출되는 열이 순환될 수 있도록 양
옆은 조금씩 공간을 남겨준다.

18_ 문은 접이식으로 반으로 접히면서
열린다.

사랑스러운 나의 애완견 직구의 집
– 원목 하우스

우리 집에 예쁜 막둥이 직구가 생겼다. 직구를 위해서 맞춤형 원목 하우스를 직접 만들어주기로 했다. '직구'라는 이름은 야구를 좋아하는 남편이 붙여준 이름이다.

애완견을 키우는 분들에게 정말 인기가 많은 아이템이다. 잠잘 곳과 배변하는 곳을 분리, 디자인하여 위생적이다. 겨울에는 포근한 담요 한 장 깔아주면 최고의 애완견 전용 원목 하우스가 된다.

※울타리는 별도.
울타리는 강아지의 덩치에 따라
높이를 조절하며 추가해 준다.

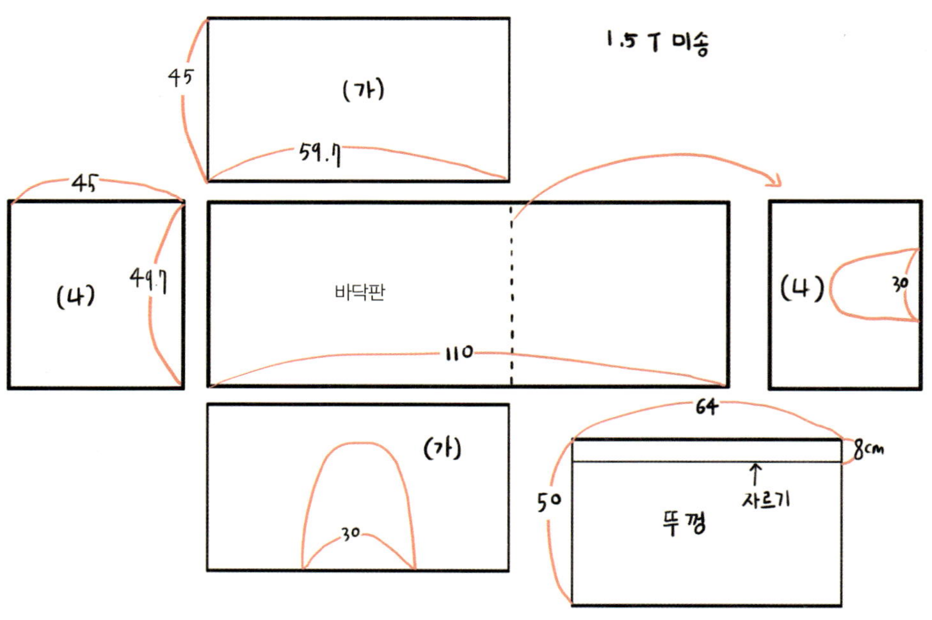

직구 하우스 도면

저구's House

1_ 철망 장에 갇혀 있던 직구.

2_ 필요한 목재를 재단, 신청해서 받았다.

3_ 직구가 드나들 문 만들기. 직소기에 곡선 날을 장착하고 문을 잘라낸다.

7_ 이중기리를 드릴에 끼워 구멍을 뚫고, 목공용 나사못으로 튼튼하게 박는다.

8_ 드릴 비트로 갈아 끼우고, 나사못 박기.

9_ 위로 열리는 방식으로 뚜껑을 달아준다.

13_ 잠자는 공간과 배변 공간을 분리해서 디자인했다.

14_ 경첩으로 상판을 연결한다.

15_ 수대를 박아 문이 뒤로 넘어가지 않게 고정한다.

4_ 하나는 전자 문으로 사용할 예정. 테두리를 0.1~0.2mm 정도 작게 다듬어야 문이 잘 열리고 닫힌다.

5_ 드릴로 나사못 작업을 하기 전에 목공 본드를 바르고 전기타카로 형태를 잡아 고정해두면 나사못 작업을 수월하게 할 수 있다.

6_ 위에서 바라본 모습.

10_ 배변 과즈가 놓일 공간 울타리 만들기.

11_ 목재를 4cm 폭으로 재단해서 지지대에 전기타카로 박아 고정한다. 목공 본드는 필수.

12_ 배변 공간.

16_ 직소기로 잘라두었던 문. 손잡이를 달아주고, 홀쏘와 보링비트를 이용해서 크기별로 구멍을 뚫어 발자국 모양 장식을 해준다.

17_ 가장 중요한 마무리 작업. 벤자민무어의 스테이스클리어(바니시)로 마감을 꼼꼼하게 2회 해준다.

18_ 완성. 낮에는 뚜껑을 열어두어 오픈형으로 사용하고 밤에는 닫아 직구의 숙면을 도와준다. 칠판 페인트로 문패를 만들어서 고정.

세월의 흔적을 담다
– 빈티지 트렁크

세월의 흔적이 고스란히 묻어 있는 고재를 활용해서 만든 빈티지 트렁크. 고재는 지은
지 50년 이상 된 전통가옥에서 나온 목재로 오랜 시간이 지나면서 컬러와 질감이 더욱
자연스럽게 나타나 인위적으로는 만들어낼 수 없는 유니크한 멋과 느낌이 있다. 바퀴
와 손잡이를 달아 이동이 편하도록 만들어주면, 간이 거실 테이블로도 전혀 손색이 없
는 아이템이 된다.

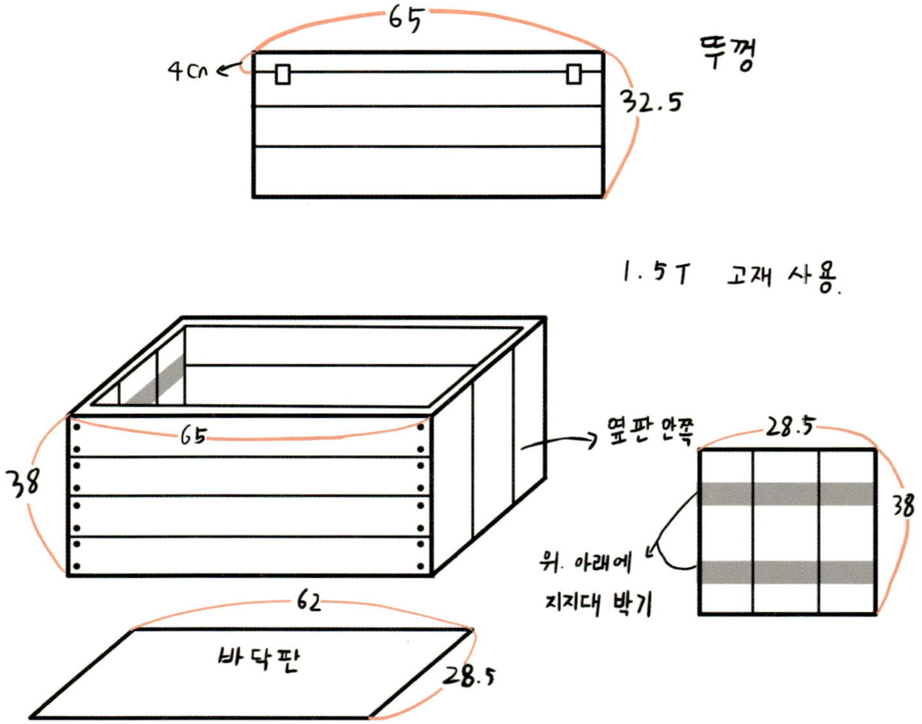

트렁크 도면

1_ 고재(리사이클 슬라이스 티크) 구입.
키엔호

2_ 원하는 크기로 재단한다.

3_ 폭이 좁은 목재를 연결하기 위해
서 안쪽에서 지지대를 박아준다.

7_ 바니시가 마르면, 고운 사포로 문질러
준다.

8_ 다시 한 번 바니시를 칠해준다. 바니시는 2회 이
상 칠하는 것이 좋다.

9_ 경첩과 잠금장치를 박아준다.

HAMAMI's TIP ❙ 수대

가구나, 붙박이장, 싱크대 등의 문을
열 때 사용하는 경첩으로 좌우 방향을
선택해서 구입한다.

4_ 모든 목공 작업에 목공 본드는 필수다.

5_ 심플한 느낌이 나게 반듯하게 만들었다.

6_ 고재는 자연 그대로의 느낌으로, 페인팅을 따로 하지 않는 것이 원칙이다. 바니시만으로 마감한다.

10_ 문이 뒤로 넘어가는 것을 막기 위해서 스터를 박아준다.

11_ 바닥에 바퀴를 달고 옆면에 손잡이를 박아 마무리.

Hamami's Lovely House

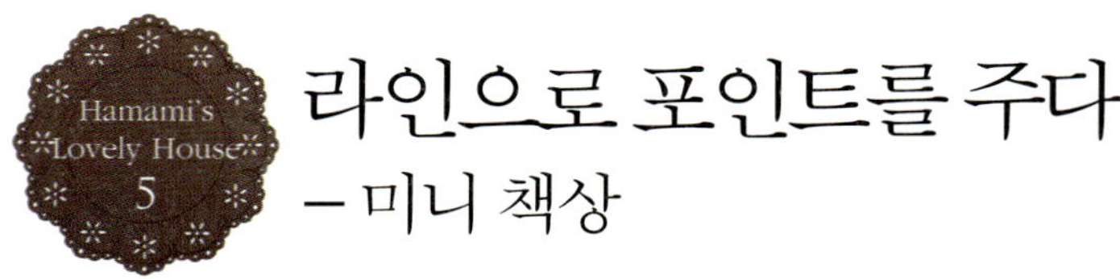

라인으로 포인트를 주다
– 미니 책상

보통은 거실의 테이블에서 숙제나 공부를 하지만 방에서 게임을 하거나 간단한 책을 읽을 때 작은 책상이 있으면 편리하다. 좁은 방에 커다란 책상을 놓기는 부담스러워 작은 미니 책상을 직접 만들어주었다. 포인트로 넣어준 화이트, 핑크 라인이 매력인 미니 책상이다.

1_ 기존에 만들었던 책상을 분해해서 미니 책상을 다시 만들었다.

2_ 다리 각재 4개와 위, 아래 지지대 4개.

3_ 목다브를 이용해서 다리를 연결하고 안쪽에는 꺽쇠로 고정한다.

7_ 스테인과 화이트, 핑크 라인을 포인트로 칠해주었다.

8_ 상판의 고정은 꺽쇠로 한다(중간에 지지대 하나를 더 박아준 모습).

9_ 마무리로 바니시(스테이스 클리어)를 2회 칠해준다.

4_ 책상 다리 틀 완성. 큰 책상의 경
우는 코너 연결 브라켓을 이용해
서 고정해이 튼튼하다.

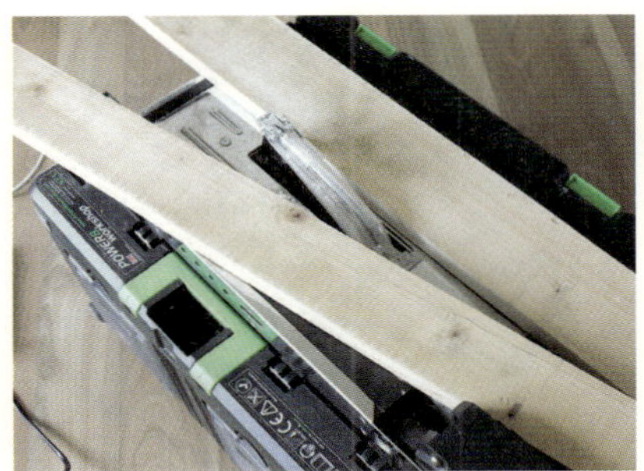

5_ 상판 재단하기.

6_ 상판은 모두 모서리 대패로 다듬어
준다.

10_ 미니라서 이동이 쉽다.

11_ 침대에 앉아서 사용할 수 있는 높이로 만들었
다. 반대편에 미니스툴을 놓고 마주보고 앉아
놀이를 즐길 수 있다.

12_ 아이방 크기를 고려해서 작은 사이
즈로 만든 미니 책상이다.

Hamami's Lovely House 6

아이의 동심을 지켜주는 엄마의 선물 – 원목 칠판

요즘은 칠판 페인트를 가정에서도 손쉽게 구할 수 있어서 엄마가 아이를 위해서 어렵지 않게 칠판을 만들어줄 수 있다. 저학년 아이들에게는 가장 인기 있는 아이템이다. 쓰고, 지우고, 관리가 쉬운 보드라운 칠판을 만들어보자.

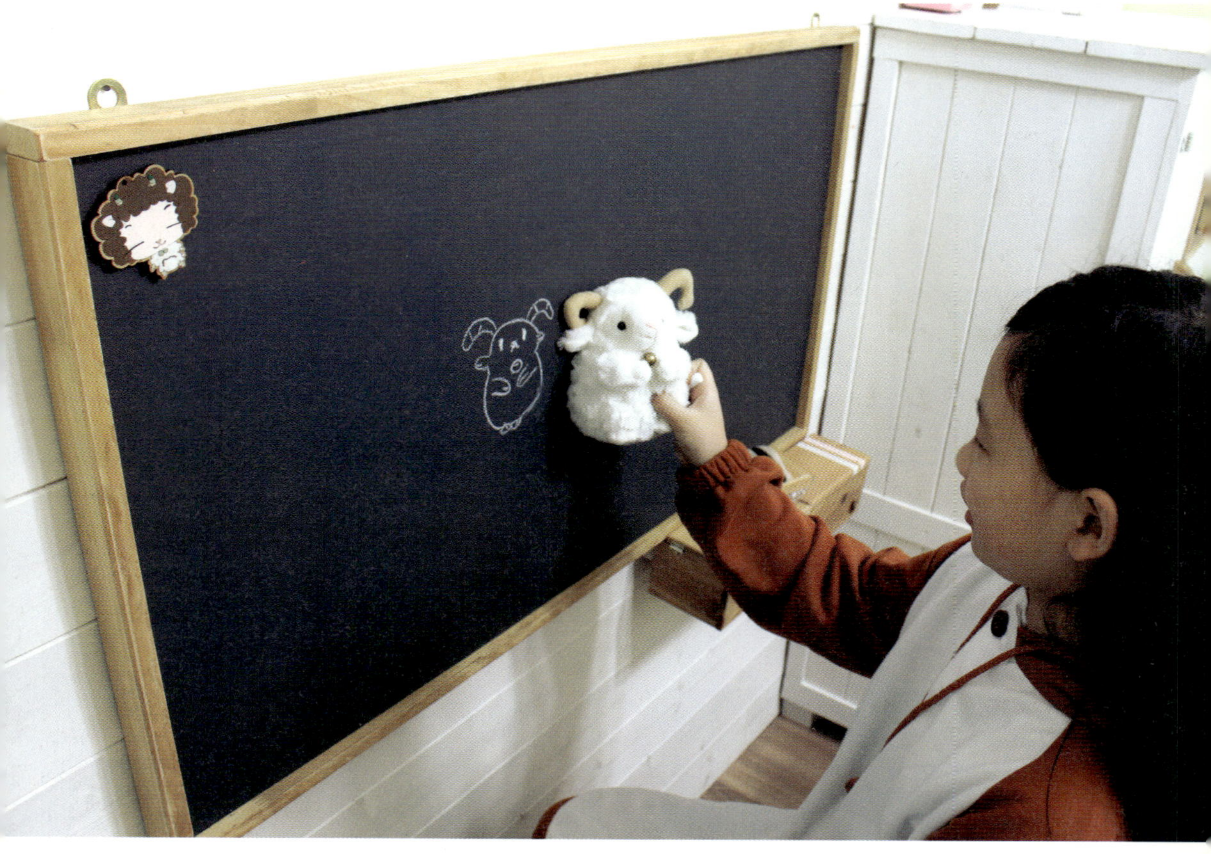

1_ 미송 1.2T(가로 100cm, 세로 55cm), 테두리 목재 미송 1.8T. 페인트인포에서 원하는 크기로 재단해서 구입. 합판으로도 만들보았는데, 사이에 홈이 많아 관리하기가 쉽지 않았다.

2_ 테두리가 될 부분을 폭 4cm로 재단한다.

3_ 미송 집성목을 사포(#220)로 곱게 다듬는다.

7_ 칠판 페인트가 마르면 고운 사포로 전체적으로 문질러준다.

8_ 다시 칠판 페인트를 3회 반복 도색한다.

9_ 테두리가 될 부분은 스테인을 바르고, 모서리를 다듬는다. 그리고 사포 작업을 한다.

11_ 목공 본드 바르고 전기타카로 박기. 이때 수평을 잘 맞추어 박는 것이 중요.

12_ 귀여운 캐릭터를 포인트로 붙여준다.

13_ 캐릭터 페인팅하기.

4_ 프라이머를 롤러로 얇게 2회 칠
해준다. 프라이머 작업을 반드시
해야 고운 칠판을 만들 수 있으
니 소홀히 하지 않도록 하자.

5_ 블랙과 그레이 색상을 혼합해서 짙은 그레이로
조색(타블로 칠판 페인트)했다. 나는 좀 더 짙은
색상을 원했기 때문에 조색했지만 보통 조색할
필요 없이 칠판 페인트를 그대로 사용하면 된다.

6_ 롤러로 칠판 페인트를 얇게 칠해준다.

10_ 비교적 얇은 목재를 크게 만들
면 도자가 휘어질 수 있으므로
뒤쪽에 가로, 세로 보강목을 대
면 좋다.

14_ 캐릭터 완성.

15_ 칠판의 한 코너에 캐릭터를 붙여 완성.

16_ 아이들이 좋아하는 원목 칠판.

커 가는 딸아이를 위한 맞춤 가구
– 원목 화장품 수납함

올해 중학교 2학년이 된 딸아이. 어느새 책상 위는 각종 화장품으로 넘쳐 나고 있다. 아직 색조 화장품은 없지만 기본적으로 종류가 다양하고 샘플들도 많다. 크기가 작아 뒤로 넘어가기도 하고, 먼지도 쌓이기 일쑤였다. 어수선했던 아이 화장품 정리도 하고 침대 옆에 두고 협탁으로도 사용이 가능한 화장품 수납함 겸 협탁 만들기에 도전했다.

before 책꽂이에 올려두었던 각종 화장품들.

NATURAL

1_ 집에 있던 미송 재단하기.

2_ 박스형으로 디자인을 잡아본다.

3_ 목공 본드를 바르고 타카로 고정한다.

7_ 브라켓형 원목 다리 달기.

8_ 수납함의 내부도 칸을 나누어 종류별로 수납할 수 있도록 했다.

9_ 스테인을 칠한다.

13_ 마무리로 바니시를 2회 칠한다.

14_ 가지고 있던 커트지로 앞면에 포인트를 주었다.

15_ 칸칸이 나누어서 화장품을 유용하게 수납.

4_ 뚜껑이 될 부분도 만들어준다. 모서리는 대패로 정리해준다.

5_ 바닥판에 원목 다리 달기. 바닥판은 살짝 안쪽으로 박아 다리 연결 부분이 보이지 않도록 했다.

6_ 브라켓을 먼저 박아주고, 기다란 피스에 원목 다리를 손으로 돌려 고정한다.

10_ 경첩으로 문을 단다.

11_ 문이 뒤로 넘어가지 않도록 수대를 박는다.

12_ 원목 손잡이를 단다.

HAMAMI's TIP | 페인트콘

고무 재질로 페인트 작업시 바닥이나 작업대에 페인트가 묻지 않도록 도움을 주는 도구이다. 한쪽 면을 칠한 뒤 건조를 기다릴 필요가 없이 바로 반대쪽을 칠할 수 있어 편리하다.

16_ 침대 옆에 두고 협탁으로 사용.

17_ 패브릭 대신 장식 몰딩으로 교체해서 사용 중.

HAMAMI's TIP |
장식 몰딩을 페인팅할 때의 팁

한 면만 보이는 장식 몰딩의 경우 페인팅
할 때 반대쪽에 나사못을 박아서 손으로
들고 페인팅하면 편하다.

이것이 DIY의 매력이다
– 다기능 원목 빨래 보관함

하루하루 쌓여가는 빨래감들을 깔끔하게 정리해줄 원목 빨래 보관함. 한쪽에는 종이가 루를 넣어둘 수 있도록 디자인했다.

　DIY의 진정한 매력은 내가 원하는 디자인으로 얼마든지 변형, 설계가 가능해서 필요에 의한 맞춤 가구를 만들 수 있다는 것이다.

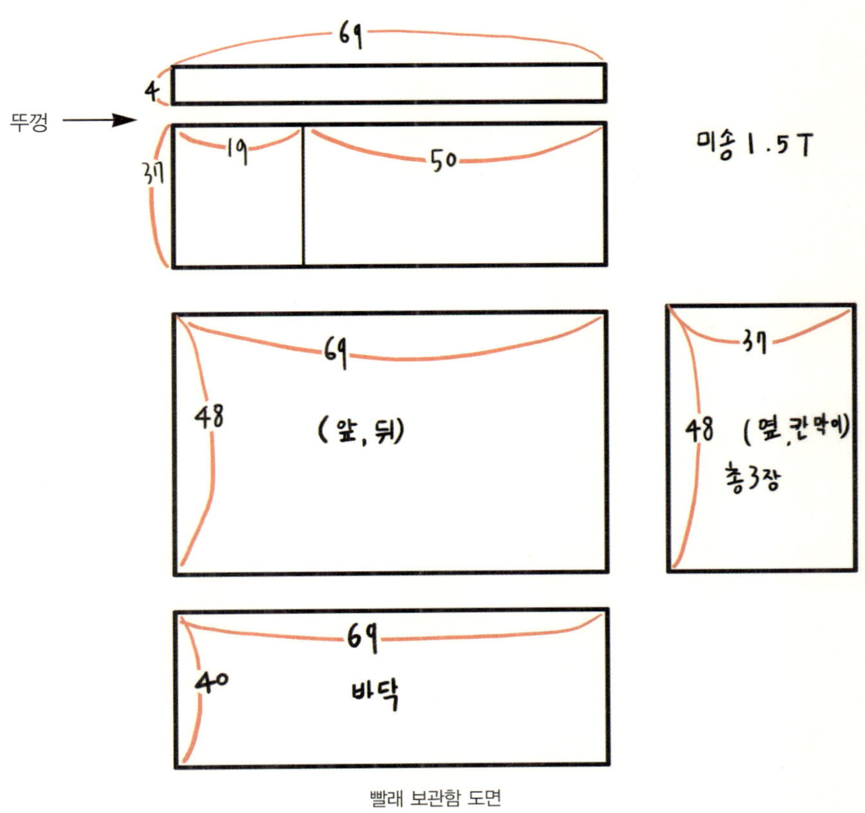

빨래 보관함 도면

1_ 미송 1.5T 재단하기.

2_ 코너 클램프를 이용해서 목재를 잡아준 뒤 목공 본드를 바르고 타카로 박는다.

3_ 1차로 타카로 박아 형태를 잡고, 이중 기리 작업 후 나사못으로 튼튼하게 박는다.

4_ 가운데 칸막이를 설치해 빨래 바구니와 종이 가방을 동시에 수납할 예정이다. 크기는 가장 큰 종이가방을 대고 목재 치수를 계산하는 것이 좋다.

5_ 뚜껑 부분 재단.

6_ 세탁실에서 편리하게 사용하려면 바퀴를 달아주는 것이 좋다.

7_ 스테인을 칠하고 마르면 사포질한다.

8_ 방수 코팅을 위한 아버코트 작업을 2회 한다

9_ 경첩으로 뚜껑을 단다.

10_ 종이가방과 빨래 바구니를 넣는다.

11_ 완성.

Hamami's Lovely House 9

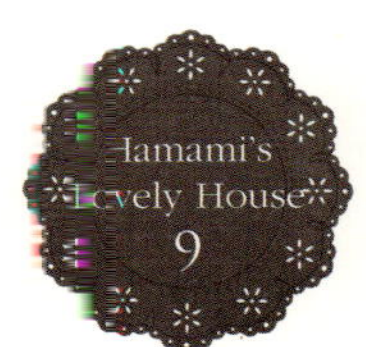

따로따로 분리해요 – 재활용 분리수거함

재활용 쓰레기를 밖에서 일일이 분리해서 버리는 일은 참 번거롭다. 분리수거함이 있으면 재활용 쓰레기들을 잘 분류하여 보관하다가 나가서 그냥 쏟아 버리기만 하면 되니 주부의 일거리가 줄어든다. 원목으로 깔끔하게 만들면 보기에도 좋고 기능적으로 훌륭한 재활용 분리 수거함이 된다. 이 책의 모든 도면은 우리집 공간에 맞는 사이즈이니 알맞게 변형 또는 응용해서 만들기를 권장한다.

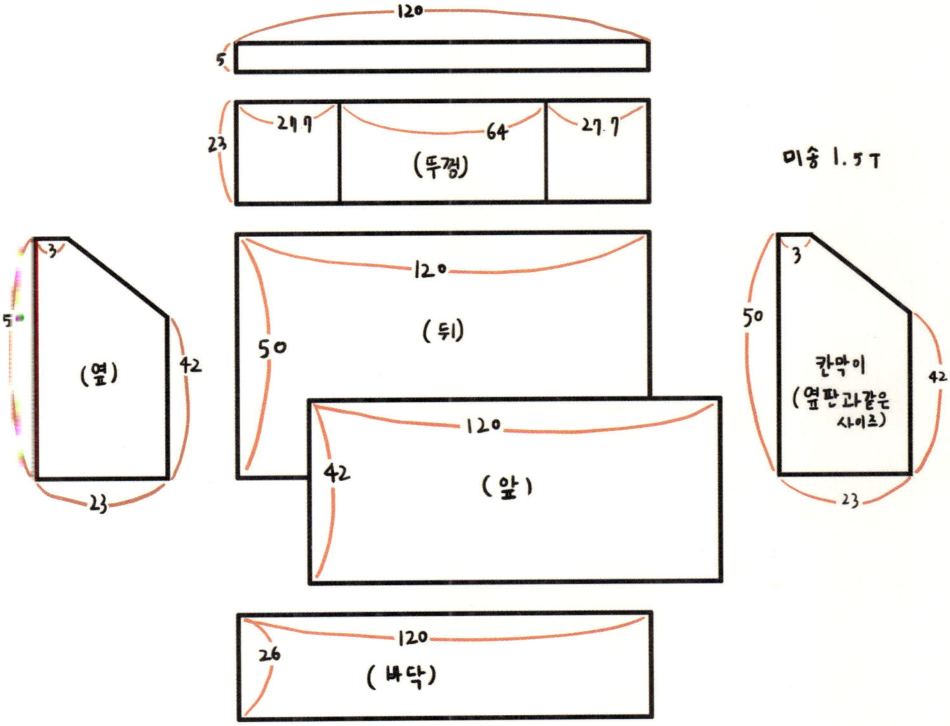

분리 수거함 도면

Glass bottles
Steel cans
Paper
Cardboard

1_ 저렴한 비닐 재활용 분리수거함을 구입. 공간을 많이 차지하지 않도록 폭이 좁은 크기의 분리수거함을 구입했다.

2_ 구입한 분리수거함의 크기에 맞는 원목 분리수거함을 설계한다.

3_ 미송 1.5T 재단하기.

4_ 가지고 있는 목재를 직접 재단해도 되지만 리폼사이트의 재단서비스를 이용하면 훨씬 편리하게 작업할 수 있다.

5_ 나사못으로 튼튼하게 박아준다.

6_ 사용이 편리하도록 사선으로 디자인했다.

7_ 물청소를 자주 하는 주방 베란다에 놓일 예정이기 때문에 바닥에 바퀴를 달아 주었다.

8_ 첫 번째 칸은 일반 쓰레기봉투를 두었다. 재활용이 들어가는 칸은 기다란 뚜껑 하나로 통일하면 더 깔끔하다. 나는 목재가 부족해서 칸을 나누어 뚜껑을 만들었다.

9_ 벗나무색 스테인 칠하기.

10_ 마무리를 위해서 바니시(스테이스 클리어)를 꼼꼼하게 2회 칠해주었다.

11_ 경첩으로 뚜껑을 단다.

12_ 나란히 들어가는 분리수거함. 플라스틱류, 종이류, 캔과 유리류로 나누어 분리한다.

13_ 투명 라벨에 원하는 분리수거 이미지를 프린트했다.

14_ 뚜껑에 이미지를 잘라서 붙여주면 완성. 첫 번째 칸은 쓰레기봉투를 넣어두는데, 여름에 뚜껑을 닫아두면 초파리를 방지할 수 있어 좋다.

15_ 평소에는 뚜껑을 열어두고 사용하여 환기를 시켜준다.

16_ 원목 재활용 분리수거함 만들기 완성

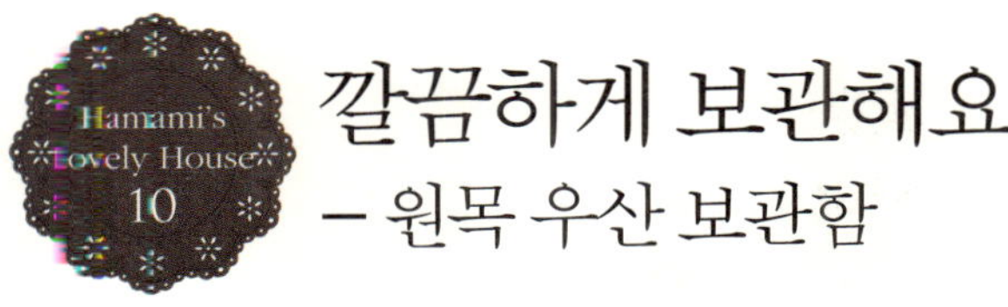

깔끔하게 보관해요
– 원목 우산 보관함

비가 올 때만 사용하는 우산. 짧은 자동 우산의 경우는 신발장에 보관이 가능하지만, 장우산들은 집 안 여기저기에 흩어져 있기 일쑤다. 집 안의 모든 우산들을 모아서 깔끔하게 보관할 수 있는 원목 우산 보관함을 만들어보았다.

※위아래 덧댄 덧나무는 별도

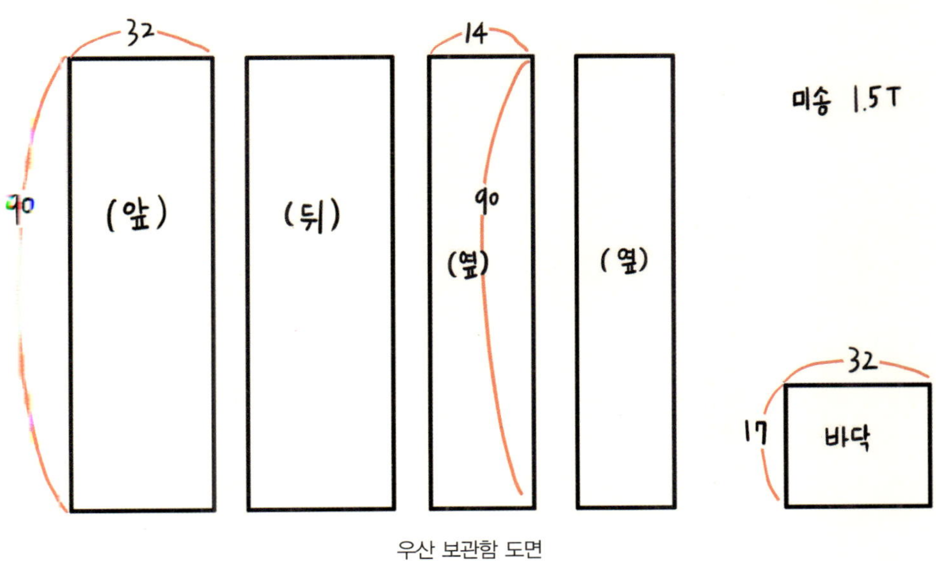

우산 보관함 도면

1_ 미송 집성틀 재단하기.

2_ 조립하기 전에 깔끔한 마감을 위해서 벗나무색 스테인을 칠했다.

3_ 미리 도색한 후 조립하면 더 깔끔한 작업을 할 수 있다.

4_ 젖은 우산이 들어가도 불편하지 않도록 습기로 방수 코팅(아버코트 투명 2회)을 한다.

5_ 조립하기. 코너 클램프를 이용하면 편하게 박기 작업을 할 수 있다.

6_ 목공 본드를 바른 후 타카를 촘촘히 박았다. 바닥판은 이중기리 작업 후 나사못을 박아 튼튼하게 고정했다.

7_ 위와 아래에 목재를 한 겹 덧박는다. 디자인적 요소뿐 아니라 전체적인 형태를 튼튼하게 잘 잡아주는 역할.

8_ 마무리로 아버코트를 1회 더 칠해주었다.

9_ 와인 박스 장식을 박아 세련미를 주었다. 나무 판재에 스텐실을 해줘도 좋다.

10_ 원목 우산 보관함 완성.

11_ 손잡이를 걸어주면 사용할 때 쉽게 찾을 수 있다.

필요한 공간에 꼭 맞게 만들다
– 고방유리 3단 화이트 수납장

3단 수납장에 고방유리를 끼우고 깔끔한 화이트 색으로 페인팅해서 심플하면서도 모던한 느낌의 3단 화이트 수납장을 완성했다. 냉장고 가벽과 김치냉장고 가리개를 만들고 나니 김치냉장고의 옆면이 오픈되어서 그 공간에 맞는 맞춤 수납장을 만들기로 했다. 김치냉장고 옆면도 가려주고, 수납도 할 수 있는 나만의 맞춤 가구! 필요한 공간에 원하는 크기의 가구를 자유자재로 만드는 DIY의 매력을 한껏 느낄 수 있다.

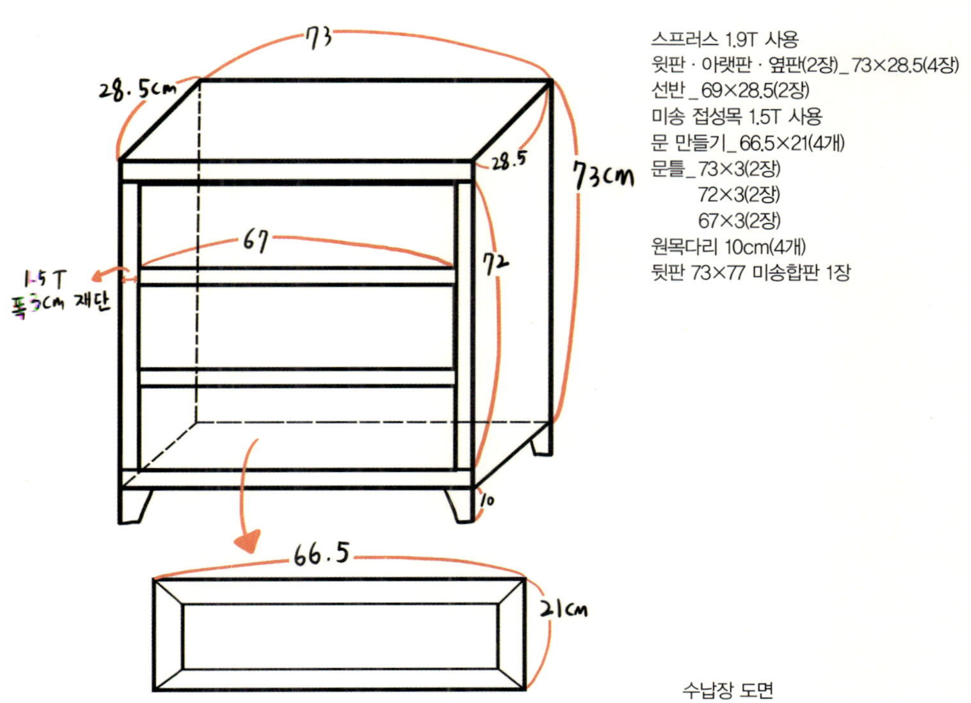

수납장 도면

1_ 도안대로 스프러스 구조재를 재단
　해서 구입한다.

2_ 심플한 원목 다리.

3_ 이중기리로 구멍을 뚫고, 목공 본드
　바르고 나사못 작업을 해서 사각 형
　태의 틀을 만들어준다.

4_ 사각 틀.

5_ 원목 다리를 가구의 안쪽에서 박아준다.

6_ 미송 1.2T, 3cm 폭으로 재단한 목재
　를 앞면에 테두리를 두르며 박아준다.

7_ 수납장 틀 완성.

8_ 작은 피스를 사용해 가구 뒷면에 미송 합판을 박는다.

9_ 문을 만들기 위해 거친 판재를 1.5T 사이즈에 맞춰 주문한다. 페인트인포에 원하는 목재 종류와 사이즈만 지정하면 조립하기 쉽게 만들어서 배송되므로 편리하다.

13_ 문 안쪽 홈에 고방유리를 파텍스 실리콘으로 고정한다. 액자 방망이를 박아 안전장치를 해준다.

14_ 이지경첩과 자석 고정쇠, 원목 손잡이, 수대 등을 활용해 마무리하면 3단 화이트 수납장 완성. 김치냉장고 옆면도 가려주고, 수납도 할 수 있는 맞춤가구이다!

Hamami's
Lovely House

10_ 목공 본드를 바르고 긴 타카 심으로 쏘아 하루 정도 말려 고정한다

11_ 사이사이 벌어진 틈은 메꾸미로 메워준다.

12_ 화이트 색으로 페인팅(벤자민무어 리갈 페인트).

HAMAMI's TIP | 여러 가지 연결 도구

이지경첩 _ 홈을 파지 않고 속경첩을 달 수 있다.

자석 고정쇠 _ 문을 잡아주는 역할

원목 손잡이 _ 피스 구멍 간격에 맞게 드릴 비트로 구멍을 뚫고 안쪽에서 박아 고정

수대 _ 문이 넘어가지 않도록 잡아주는 역할

Hamami's Lovely House 12

주방에 아늑함을 더하다
– 주방 목창

주방창에 목창을 만들어서 달아주면 아늑한 분위기를 연출할 수 있다. 첫 번째로 만들었던 주방 목창은 삼나무였는데, 수축과 팽창을 반복하며 뒤틀려 미송으로 교체했다. 필요시에는 경첩을 이용한 접이식 문으로 양쪽을 활짝 열어둘 수 있어 유용하다.

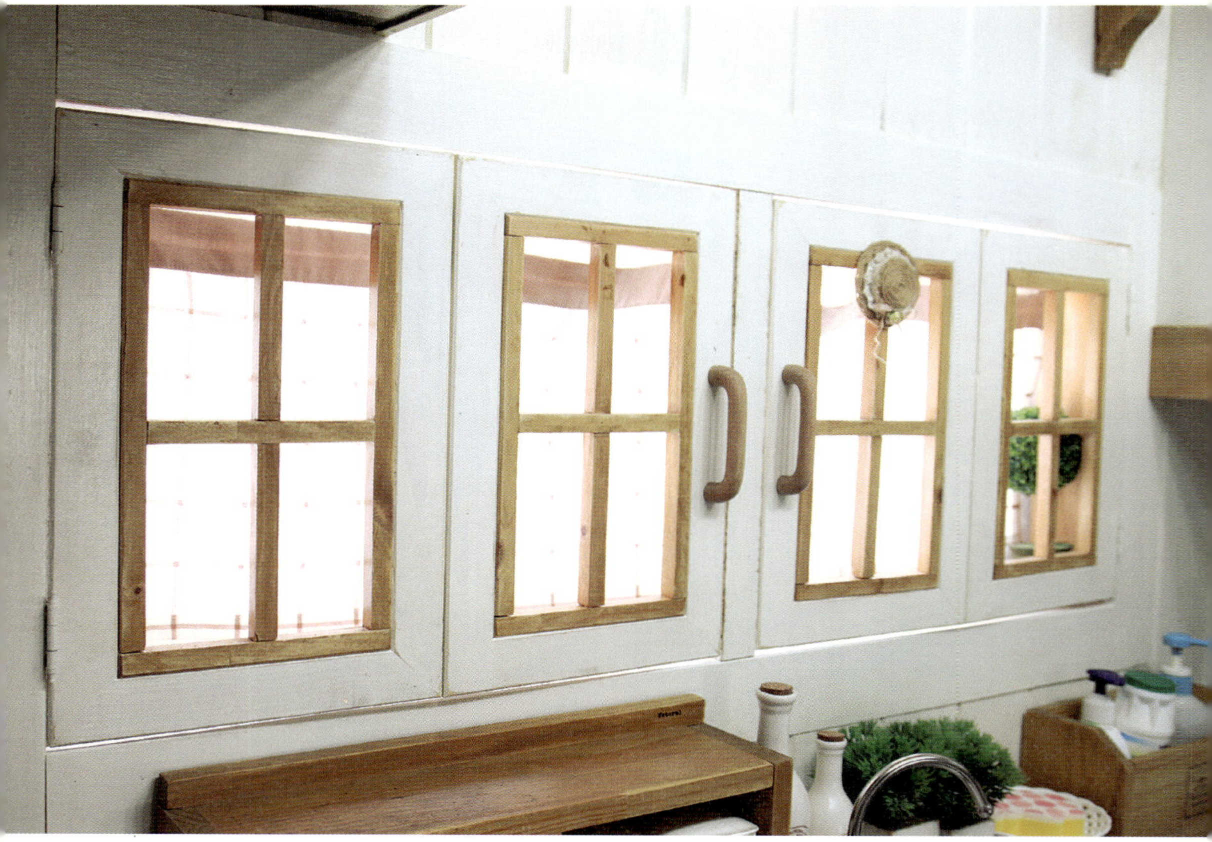

1_ 초기의 썰렁한 주방창.

2_ 첫 번째로 만들었던 삼나무 주방 목창.

3_ 삼나무 목창을 제거한다.

7_ 상단에 깔끔한 원목패널을 박아준다.

8_ 원목패널을 설치한 후 미송 1.2T를 재단해서 창틀에 박아줌.

9_ 벤자민무어 리갈 아이보리 화이트로 페인팅한다.

13_ 창을 만든다.

14_ 목공 본드를 바르고, 타카로 박아 창틀 완성.

15_ 모서리 대패로 다듬고 메꾸미로 홈을 메운다.

4_ 주방 창틀에 미송 집성목을 둘러 줄 예정기다. 사이즈에 맞춰 재단 하기

5_ 스테인을 바르고, 아버코트로 확실한 방수 코팅을 해준다.

6_ 목창을 달기 위해서 부실했던 위쪽의 옹이패널들도 모두 제거했다(원래 싱크대 상부장이 있던 자리).

10_ 미송 1.5T, 폭 4cm로 목창 만들기

11_ 45도 각도로 절단한다.

12_ 파워워크샵으로 각도 절단.

16_ 폭 1.5cm로 재단한 목재로 안쪽 창틀을 만든다.

17_ 가운데 교차 부위는 홈을 파서 끼워 연결한다.

18_ 안쪽 창틀 완성.

19_ 안쪽 창틀은 스테인으로, 바깥쪽은 화이트 색으로 페인팅한다.

20_ 경첩을 위아래에 달아 접이식 문을 만든다.

21_ 바니시를 바르고, 원목 손잡이를 달면 완성.

22_ 경첩을 달아 목창을 연결한다.

23_ 목창으로 아늑한 주방이 연출되었다. 주방 목창은 접이식 문으로 환기가 필요하거나 빛이 부족한 경우에는 양쪽으로 활짝 열어놓으면 된다.

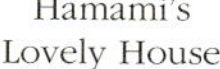

내가 디자인하고 만들다
– 원목 양면 시계

기존에 판매되는 양면 시계 중에서 원목으로 된 제품이 없어서 만들어본 원목 양면시계이다. 내가 직접 디자인해서 만든 양면 시계가 반제품으로 판매되고 있는데, 간단하게 페인팅만 해서 완성할 수 있으므로 초보들이 도전하기에도 좋다.

양면을 다른 느낌으로 만들면 바라보는 재미도 두 배가 된다. 기존의 양면 시계와는 전혀 다른 분위기를 연출할 수 있는 베스트 아이템!

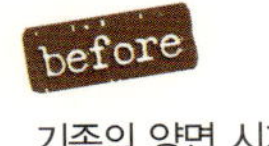

기존의 양면 시계.

1_ 페인트인프에서 판매되는 하마미의 솔로스 양면 시계 반제품. 시곗바늘만 원하는 제품으로 선택해서 구입하면 된다.

2_ 잠금장치.

3_ 원목 시계 지지대와 반대쪽 면은 화이트 색으로 페인팅한다.

4_ 양면 시계의 안쪽.

5_ 한쪽은 스테인을 칠하고, 다른 한쪽은 화이트 색으로 페인팅. 페인팅 전에 사포질하고 마스킹테이프 작업을 한다.

6_ 스테인 후 사포질을 해서 빈티지스러운 느낌을 표현했다.

7_ 시계 모양 스텐실 본도 판매한다. 스텐실 본을 대고 간편하게 스텐실을 하면 된다.

8_ 화이트 원목 시계.

9_ 양면을 다른 색으로 포인트를 준 하마미의 솔로스 양면 시계.

하마미의 꼼수

가구를 만들다보면 생각처럼 단순한 작업이 아니라는 걸 알게 된다. 한 치의 오차도 없이 측정하고 계산한다고 했는데도 막상 작업을 하다 보면 작은 오차로도 작업이 막히는 경우가 종종 생긴다. 물론 내가 사용하는 방법들은 정석이 아닌 말 그대로 꼼수에 불과하다. 꼼수를 부릴 일이 없도록 정확한 재단과 조립을 하는 것이 가장 좋은 방법이다.

박아야 할 목재에 비해서 나사못 길이가 짧아요

가구 만들기를 하려면 나사못도 다양한 길이로 갖추고 있어야 작업하기가 수월하다. 만약 작업 도중에 적당한 길이의 나사못이 없다면 작업을 중단해야 하는 경우도 생긴다. 가령 박으려는 목재의 두께가 2cm인데, 나사못이 2cm라면 박으려고 하는 목재에 이중기리를 이용해서 구멍을 조금 더 깊이 파준다. 나란히 여러 개의 나사못을 박아야 하는 경우라면, 1.5cm와 1cm로 번갈아가면서 판 후 나사못을 박아주면 좋다. 물론 이 경우에도 터무니없이 짧은 길이의 나사못이라면 불가능하고 아주 조금 짧은 경우에만 가능한 방법이다.

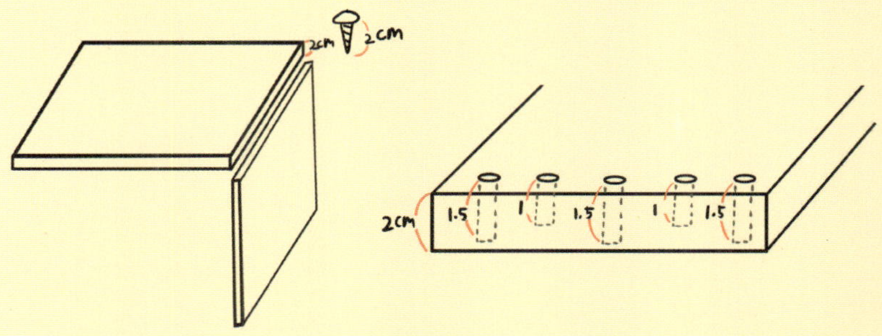

　　나사못을 박고 난 구멍은 목다보나 메꾸미로 메워주면 된다. 단 무게가 많이 나가는 큰 가구의 경우는 반드시 미리 적당한 길이의 나사못을 준비하여 튼튼한 가구를 만들도록 하자.

일반 나사못과 목공용 나사못

일반 나사못에 비해서 목공용 나사못은 머리가 납작한 편이고, 날씬하며 나사산이 날카롭고 높이 제작이 되어 있어 목재를 더 강력하게 잡아줄 수 있다. 하지만 일반 나사못도 목공 작업 시 사용할 수 있다.

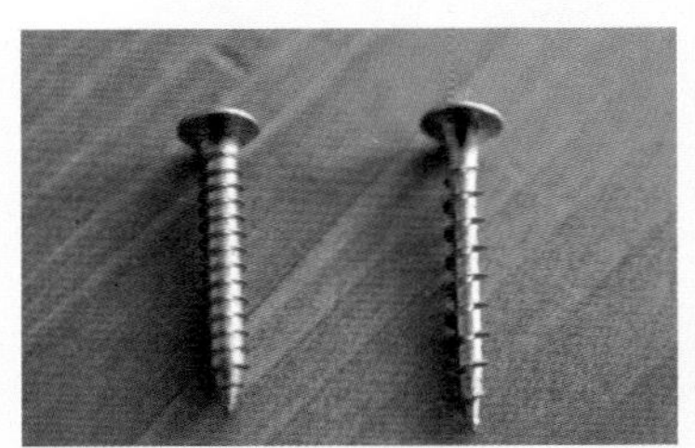

일반 나사못　　목공용 나사못

문을 다 완성했는데, 문이 조금 커요

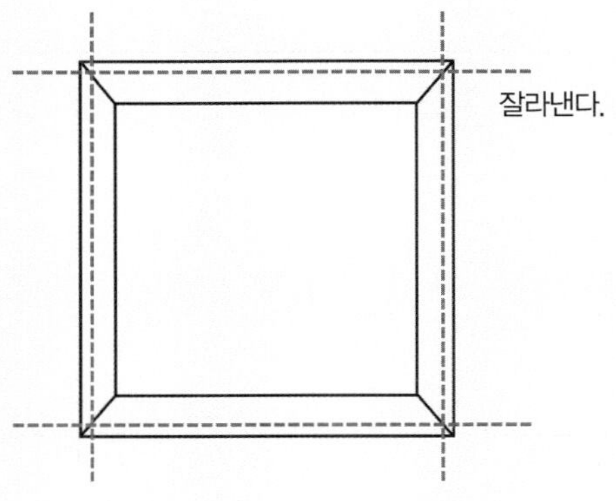

문 만들기 작업을 하다 보면 이런 경우가 종종 생긴다. 목재의 특성상 계절에 따라 수축과 팽창을 반복하기 때문에 문이 너무 뻑뻑하게 닫히면 안 된다. 아주 작은 차이라면 눈으로 보았을 때 거의 티가 나지 않으므로 완성 상태에서 비뚤어진 곳을 잘라낸다.

　이때 주의할 점은 문의 크기가 전체적으로 크다면 좌우 또는 상하를 같은 폭으로 대칭되게 잘라야 티가 나지 않는다. 파워워크샵이 있다면 얇은 폭 절단이 가능하다.

　아주 근소한 차이는 사포로 열심히 밀면 되지만, 문이 뻑뻑하게 닫힌다면 분명히 나중에 문제될 수 있으니 처음부터 꼼꼼히 만들어야 한다.

가구의 다리를 달았는데 수평이 맞지 않아요

간혹 가구의 수평이 맞지 않아서일 수도 있지만 바닥이 수평이 아닌 경우도 있다. 그럴 때는 가구 무브를 이용해서 수평을 맞춰야 한다.

　기우는 쪽의 다리 밑에 가구 무브를 붙이면 된다. 차이가 많이 난다면 가구 무브를 두 겹으로 겹쳐서 붙여도 된다. 혹은 과감하게 긴 쪽의 다리를 잘라내도 된다. 주의할 점은 아주 미세한 차이에도 수평이 안 맞을 수 있으니 조금씩 자르면서 수평을 맞춘다.

12
11
10
9
8
7
6
5
4
3
2
1
Pants
Underwear
T-shirt
Books
Books

6
Hamami's Lovely House
좁은 공간을
다양하게 활용하는 아이디어

ㄱ자형 책상으로
책상 공간을 더 넓게 만들다
- 간이 보조 책상

일자형 책상에 상판을 ㄱ자형으로 연결시켜주면 책상 공간을 더욱 넓게 사용할 수 있다. 때로는 보조 책상으로 큰아이와 작은 아이가 함께 사용하기도 하고, 이것저것 올려두기 좋은 공간이 확보되어 아주 유용하게 사용할 수 있다. 가지고 있던 공간박스 두 개를 쌓아올려 문을 달아 상판 지지대 역할과 수납을 동시에 해결했다.

좁은 공간일수록 전체적인 레이아웃을 잘 짜준다면 얼마든지 낭비하지 않고 남은 자투리 공간을 활용할 수 있다.

1_ 책상 상판을 덮기 전 모습. 공간 박스 두 개를 쌓아올려 문을 제작한 후 수납장으로 사용. 상판 지지대 역할을 한다.

2_ 두툼한 책상 상판을 재단해서 구입. 미송으로 가로 93cm, 세로 35cm, 두께 3T.

3_ 날카롭게 각진 테두리는 모서리 대패로 깎아내어 부드럽게 만든다. 모서리 대패 사용 후에는 반드시 사포로 부드럽게 문질러 주어야 한다.

4_ 다리는 상판을 지지할 용도로 폭 6cm 각재를 절단해서 주문. 화이트 색으로 페인팅.

5_ 상판은 벗나무색 스테인을 칠한다.

6_ 스테인이 마르면 고운 사포로 문질러 주고, 바니시(아버코트 투명)를 2회 바른다.

7_ 상판 얹기. 상판 지지대는 집에 있던 공간박스 두 개를 쌓아올려 고정한 후 문을 달아 수납장으로 사용한다. 고정 은 꺽쇠와 평철로 한다.

8_ 다리 각재와 지지대 군데군데 상판을 꺽쇠로 고 정한다. 보이지 않는 뒤편에도 평철로 흔들리지 않게 고정해주어야 한다.

9_ 책상 상판 고정.

10_ 의자를 양쪽에 두면 긴 책상으로도 활용할 수 있다.

11_ 공간박스를 쌓아 만든 지지대는 수납을 할 수 있어 더욱 유용하다.

12_ ㄱ자형 책상으로 공간 활용도가 높아졌다.

책상 공간을 더욱 넓게
– 키보드 원목 수납함

비교적 큰 원목 책상을 사용하고 있지만, 컴퓨터와 복합기 등이 놓여 있으니 남는 공간이 항상 부족했다. 책상 위의 컴퓨터 모니터와 키보드를 깔끔하게 정리할 모니터 받침대 겸 키보드 수납함이다.

만드는 방법은 비교적 간단하지만 책상 위 정리 효과는 뛰어나니 컴퓨터를 사용하는 공간이라면 도전해볼 만하다. 조금 더 간단하게 리폼사이트에서 판매하는 다양한 키보드 원목 수납장 반제를 구입해서 페인팅해 사용하는 것도 한 가지 방법이다.

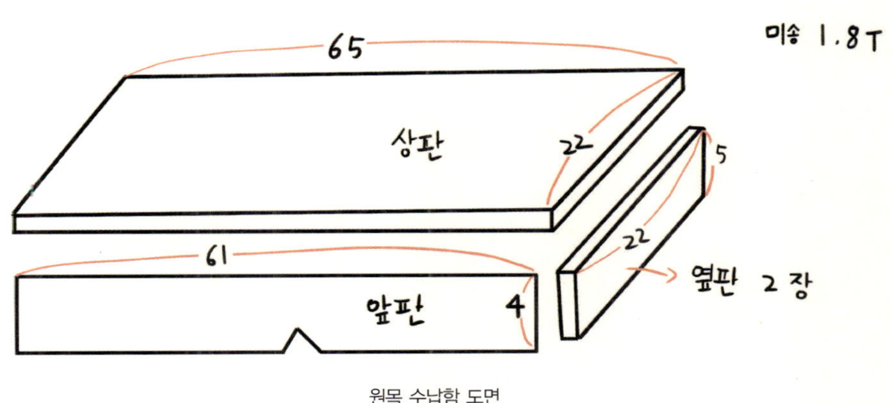

원목 수납함 도면

1_ 설치 전 책상 우의 컴퓨터와 키보
드, 마우스 위치.

2_ 원하는 크기로 재단해서 ㄷ자 형태로 박기만 하
면 된다. 이중기리로 구멍을 뚫고 나사못으로 튼
튼하게 박아준다.

3_ 그대로 사용해도 되지만, 문을 달면
좀 더 깔끔하다. 앞쪽의 공간에 맞게
목재를 재단한다. 빈 공간보다 사방
약 0.3mm쯤 작게 재단하는 것이 좋
다. 목재는 계절에 따라 수축, 팽창하
므로 문이 안 열리는 것을 방지하기
위해서 살짝 작은 듯한 것이 알맞다.

4_ 손잡이 대신 가운데 부분을 세모
꼴로 잘라주었다.

5_ 화이트 색으로 페인팅하고 바니시로 꼼꼼하게
마감.

6_ 경첩은 밖에서 보이지 않게 깔끔하게
속경첩으로 박아주었다.

Hamami's Lovely House 3

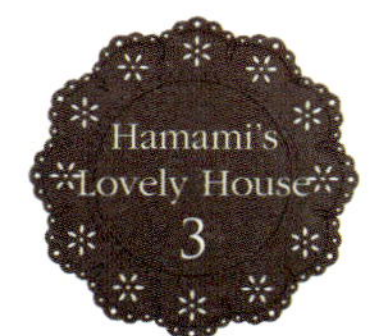

책장을 100% 활용하는 지혜 – 옷 수납장으로 대변신

좁은 아이방에 다양한 수납 가구를 들여놓으니 사이즈도 제각각이고 크기도 다양해서 정리가 깔끔하게 되지 않았다. 폭이 같고 높이가 낮은 책장을 활용해서 옷 서랍장 대신 아이 옷을 수납할 수 있도록 아이디어를 냈다. 수납한 옷가지들을 한눈에 확인할 수 있을 뿐만 아니라 서랍보다 사용하기도 편해 강력 추천하는 아이방 아이템이다. 만들기도 무척 간단하니 공간이 좁아 고민하고 있는 분들에게 권하고 싶다.

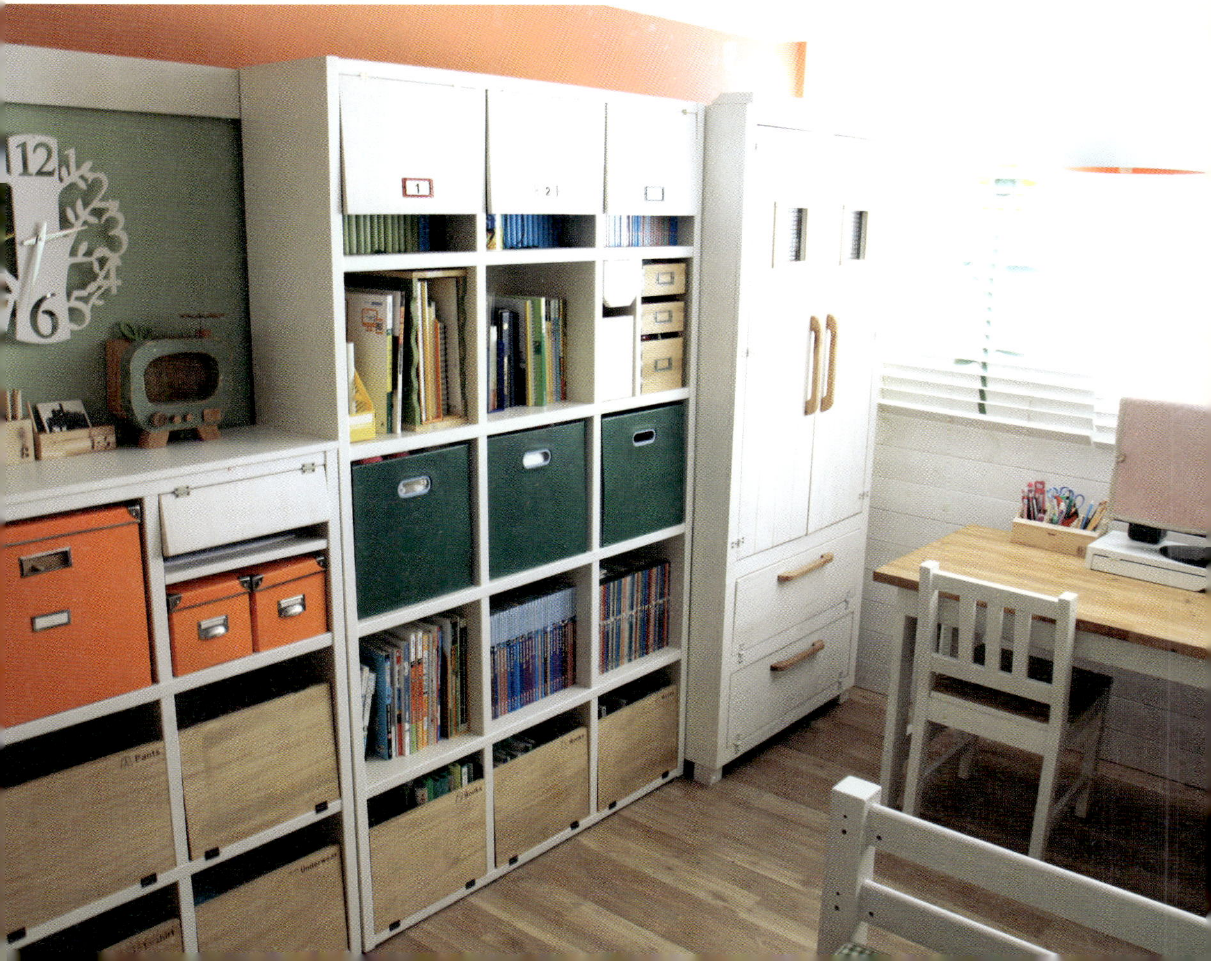

1_ 기존의 아이 방 옷 서랍장. 애매한 사이즈라서 놓아줄 만한 적당한 공간이 생기지 않았다.

2_ 6칸 책장을 구입해서 기존의 책장과 나란히 놓았다.

3_ 아래 네 칸에 옷을 수납할 계획이다.

4_ 미송 1.5T를 주문해서 직접 재단.

5_ 재단하기. 나는 파워 워크샵으로 직접 재단했지만 리폼 사이트에서 재단 신청을 해서 받으면 한결 간단하다.

6_ 가로 35cm, 세로 27cm로 책장에 맞춰 재단한다.

7_ 일부는 스테인을 바른 후 사포질해주었고, 일부는 화이트 색으로 페인팅했다.

8_ 경첩을 박아준다.

9_ 자석 고정쇠로 문을 고정하기 위해 철물을 문에 박는다.

13_ 찬장의 상단에도 문을 달아주었다. 자석 고정쇠는 불필요하다. 우 공간의 책들도 가려주니 깔끔하다.

10_ 책장의 전체를 막지 않고 상단에 약간의 공간을 남겨두고 디자인하면 답답해 보이지도 않고 따로 손잡기를 달지 않아도 열 수 있어서 유용하다.

11_ 자석 고정쇠로 문 고정. 문에는 안에 들어 있는 옷가지 종류를 스텐실로 포인트 주었다.

12_ 옷장에 문을 달아주면서 옆에 있던 책장에도 같은 방법으로 문을 달았다. 지저분하던 책들이 어느 정도 정리되어 한결 깔끔하다.

14_ 리폼 전 책장 모습.

15_ 완성. 전체를 막지 않고 책장 문을 달았기 때문에 손잡이도 필요 없었을 뿐 아니라 책장 안에 수납된 물건 확인도 편리하다.

쓸모없던 자투리 공간 활용 ①
– 침대 밑 비밀 수납장

침대 밑 공간은 언제나 아까운 자투리 공간이면서도 활용하기가 쉽지 않다. 가지고 있던 수납박스가 들어가면 좋겠지만, 폭이 맞으면 높이가 안 맞고, 높이가 맞으면 폭이 남아도는 아이러니한 공간이다. 쓸모없이 낭비되는 자투리 공간에 딱맞는 비밀 수납장을 만들어주면 안쪽 깊숙이 수납할 수 있게 되어 공간 활용에 더욱 유리하다.

수납장의 사이즈는 무엇보다 내가 가지고 있는 침대의 남은 공간에 맞춰 만들어야 하므로 따로 첨부하지 않았다.

높이가 낮은 원목 침대. 밑에 남는 공간이 아까웠다.

after

1_ 가지고 있던 넓은 판재가 있어서 활용.

2_ 직소를 이용해서 절단할 때에는 아이 동화책을 쌓아두고 절단하면 편리하다.

3_ 사이즈에 맞게 목재를 재단한다.

7_ 이때 주의할 점은 바퀴의 높이가 있으므로 설계 시 미리 염두에 두고 재단해야 한다.

8_ 가운데에 칸막이를 만들어주면 좋다.

9_ 뚜껑도 사이즈에 맞춰서 재단해 준다

13_ 수납장이 높지 않아 자주 사용하지 않는 학교 준비물 등을 보관하면 좋다. 침대 밑으로 쏙 들어간 비밀 수납장에 바퀴를 달아 들고 나옴을 편리하게 만들었다.

4_ 목공 본드를 바른 후, 전기타카로 박아 형태를 만든다. 형태를 만든 후 이중기리로 구멍을 뚫고 나사못 작업을 해서 튼튼하게 고정한다.

5_ 수납장의 형태.

6_ 아래쪽에는 바퀴를 달아 이동이 편리하다.

10_ 이중기리 작업 후 목공 본드를 바르고 나사못을 튼튼하게 박는다.

11_ 경첩을 이용해서 뚜껑을 연결하고 원목 손잡이를 앞쪽에 달아준다.

12_ 완성. 침대 밑으로 쏙 집어넣는다. 뚜껑을 조금 크게 만들어 따로 손잡이가 없어도 문을 들어올릴 수 있도록 했다.

Hamami's
Lovely House

데스 스페이스, 방문 뒤 활용
– 비밀 책꽂이

방문 뒤는 언제나 활용하기 좋은 장소이다. 걸이를 박아 가방이나 옷가지 들을 걸어놓기도 하고 감추고 싶은 것들을 몰래 숨겨놓기도 좋은 공간이다. 문을 열어두면 아무도 모르는 나만의 비밀 수납공간이 되니 충분히 활용해볼 만한 가치가 있다. 우리 집의 경우 초등학생인 작은 딸의 교과서류를 수납하기 위해서 간이 책꽂이를 만들었다. 대부분의 교과서는 학교 사물함에 넣어두고 꼭 필요한 교과서들만 가지고 다니니 아주 넓은 공간이 아니어도 충분히 수납이 가능하다. 오픈형으로 눈에 쉽게 보이니 교과서 찾기도 아주 수월하다.

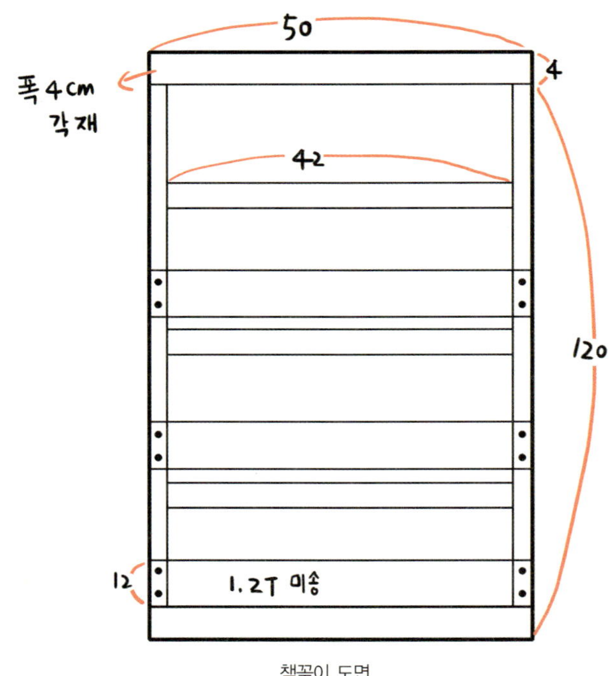

책꽂이 도면

H.Y's ROOM
체육 4
수학
4-1

1_ 방문 책꽂이의 안쪽 부분은 노란색으로 페인팅하고, 바깥 부분은 블루빛으로 페인팅했다.

2_ 책꽂이의 형태. 테두리는 폭 4cm 각재로 틀을 만들고, 간격에 맞춰 각재로 칸을 나눈 뒤 앞면에 1.2T 미송으로 가려주었다.

3_ 사이의 칸막이는 8자 철물을 이용해서 연결했다. 꺽쇠를 이용해도 좋다.

7_ 8자 철물 들어갈 깊이만큼 파준다.

8_ 나사못을 박아준다. 이때 사용하는 나사못은 머리가 조금 더 큰 것을 선택해야 한다.

9_ 8자 철물을 위에 두 개, 아래에 두 개, 총 네 개를 설치했다.

4_ 앞면의 가리개는 목공 본드를 바른 뒤 비오 장식을 박아 고정했다.

5_ 8자 철물로 책꽂이를 방문에 고정한다. 8자 철물은 테이블의 상판이나 의자 상판을 연결할 때 뒤틀림 없이 튼튼하게 고정하기 위해서 주로 사용한다.

6_ 8자 철물과 같은 너비의 보링 비트를 선택한다.

10_ 방문 뒤 책꽂이 형태.

11_ 방문에 고정한다.

12_ 완성. 저학년 아이들에게 아주 유용한 비밀 수납공간이다.

Hamami's Lovely House 6

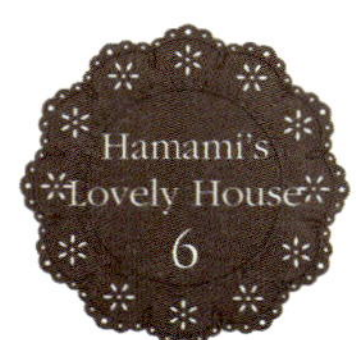

쓸모없던 자투리 공간 활용 ②
– 세탁기 위 수납 선반

세탁기 위의 빈 공간을 볼 때마다 아깝다는 생각이 들었다. 우리 집의 경우는 베란다 외벽의 창과 맞닿은 곳이라서 방수에 가장 많은 신경을 썼다. 보기에도 깔끔하고 수납도 넉넉한 수납 선반을 만들어서 넣어주니 세탁실의 각종 용품들을 정리하기 쉬워졌다.

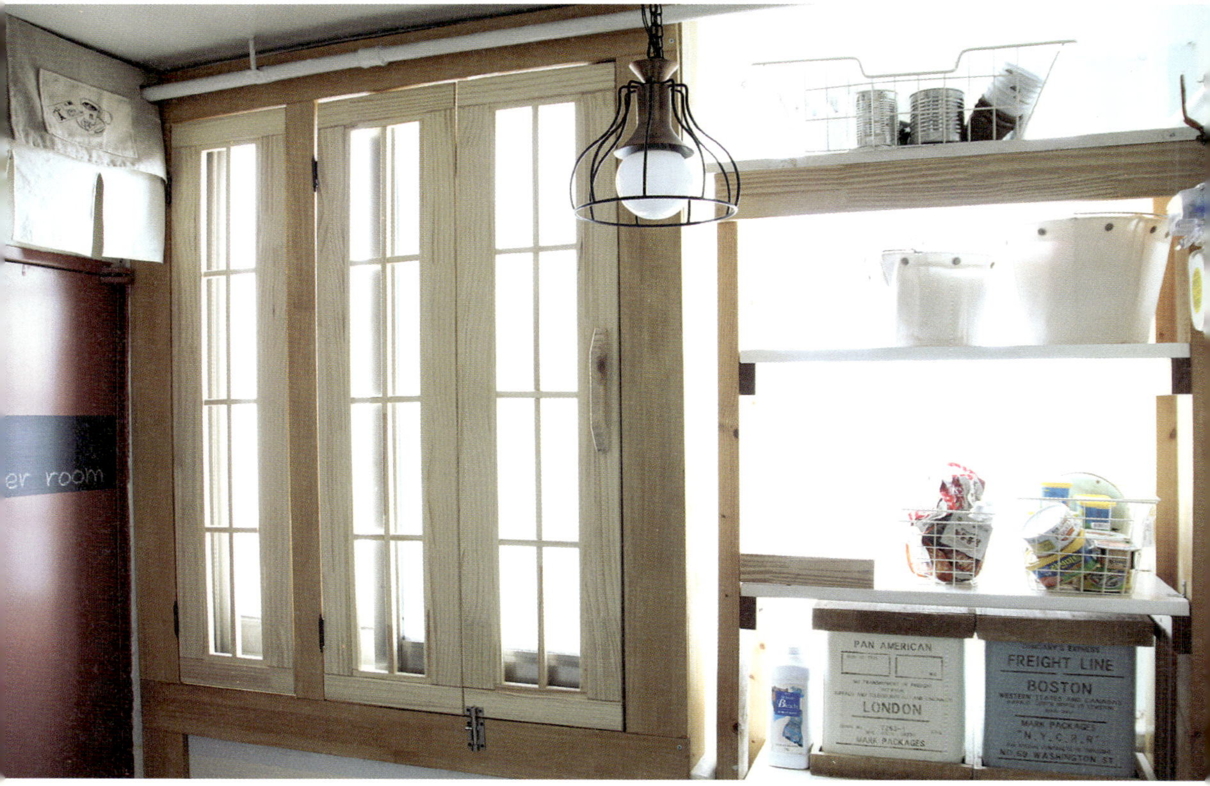

PAN AMERICAN
LONDON
MARK PACKAGES
TUESDAY'S EXPRESS
FREIGHT LINE
BOSTON
WESTERN STATES AND CANADAS
MARK PACKAGES
"N.Y.C.R.R"
NO. 69 WASHINGTON ST
TROMM

1_ 오래전 만들었던 세탁기 위 수납장. 수
납 양도 적고, 방수가 안 되어 실용적
이지 못했던 수납장이다.

2_ 수납장을 제거하고 오래된 창틀도 흰색으로 페인
팅했다.

3_ 선반을 얹어줄 양쪽 기둥. 3.8T,
폭 9cm의 구조재 사용. 당시는 긴
목재를 구하기가 어려워서 양쪽을
평철로 연결하여 만들었다.

Hamami's Lovely House

4_ 세탁실 공간이 습기가 많은 곳이라서 목재 방수에 신경 썼다. 벤자민무어 아버코트 투명을 2회 꼼꼼하게 칠하주었다.

5_ 세탁기 양 옆으로 기둥을 세우고 선반을 꺽쇠로 고정했다.

6_ 깔끔한 수납 선반이 생기니 세탁 세제 외에도 다양한 수납이 가능해서 좋다.

7_ 수납함은 식당용 쌈장통을 재활용했다. 페인팅한 후 스텐실로 포인트를 주었다.

7
Hamami's Lovely House
아기자기한
소품 만들기

Hamami's Lovely House 1

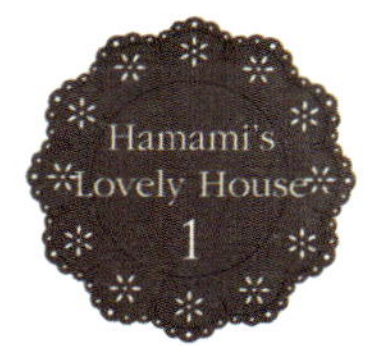

베란다 칸칸 소품 수납장

작고 귀여운 미니어처 소품들을 보관하기 위한 칸칸 소품 수납장이다. 가지고 있는 소품들의 크기에 맞춰 칸을 제작하고 만들었더니 수납장 칸칸에 소품들로 가득하다. 작은 소품을 정리하기에도 좋지만, 인테리어 효과도 만점이다.

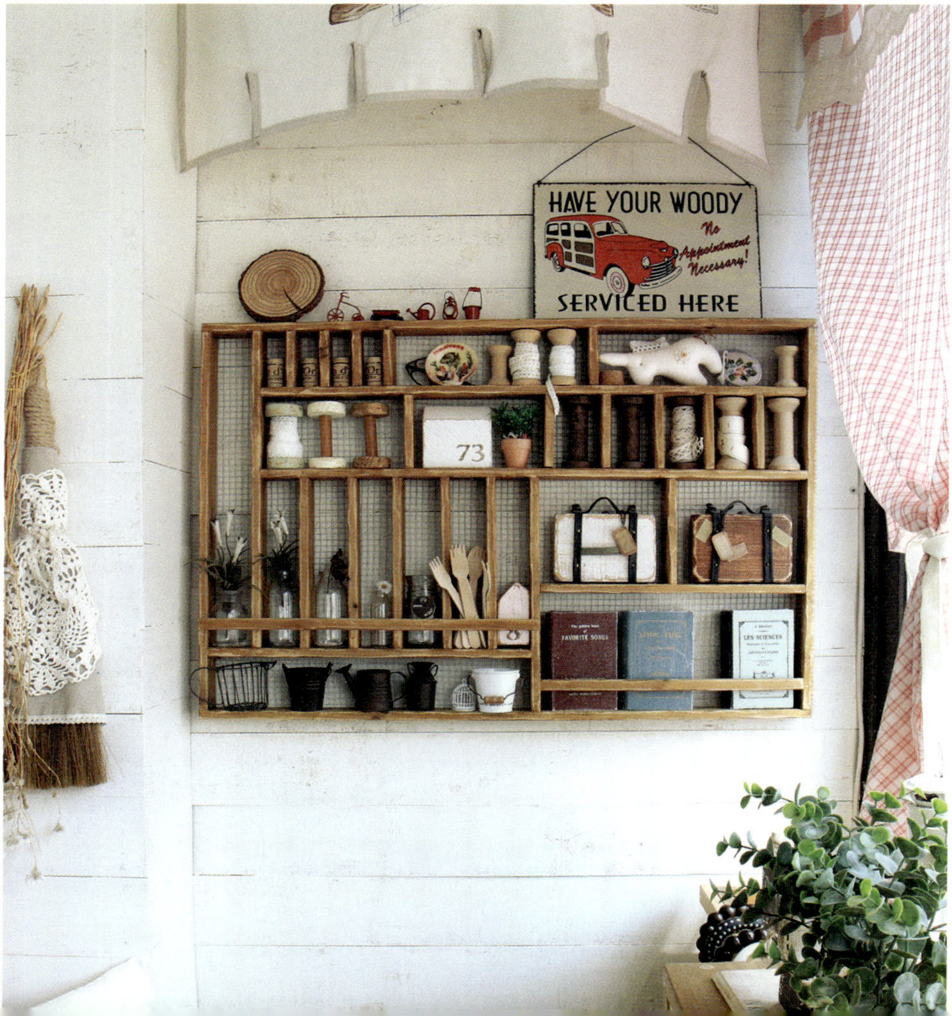

My Atelier in Paris
HAVE YOUR WOODY
No Appointment Necessary!
SERVICED HERE
73

1_ 가벼운 삼나무를 재단해서 만들었다.

2_ 폭 6cm로 재단. 폭 6cm 삼나무 패널을 구입해서 만들면 간편하다.

3_ 가로 80cm, 세로 53cm의 크기로, 소품들의 크기에 맞게 칸을 나누었다.

7_ 벗나무색 스테인을 칠하고 사포질한다.

8_ 빈티지스럽게 전체적으로 사포질을 해준다.

9_ 사각 철망을 뒤판 크기에 맞게 재단한 후, 화이트로 페인팅해 뒤면에 건타카로 박아준다. 글로건으로 간단히 고정해도 된다.

4_ 목공 본드를 바르고 전기타카로 고정했다.

5_ 타카를 이용할 때는 가운데 부분을 먼저 박아주고, 테두리는 제일 마지막에 박아야 타카 작업이 용이하다.

6_ 자연스러운 목재의 표현을 위해서 커터칼로 모서리 부분을 전체적으로 불규칙하게 깎아낸다.

10_ 액자 고리를 박아 벽면에 걸어주면 완성.

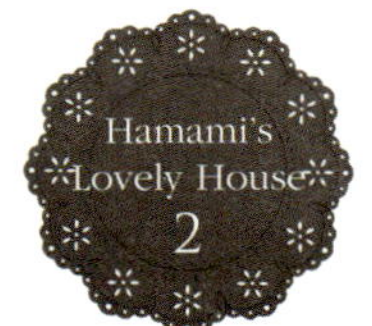

베란다 화분을 위한 원목 철망수납장

Hamami's Lovely House 2

전원주택의 화려한 꽃과 나무는 아닐지라도, 아파트 베란다 한켠에 자리 잡은 나의 화초들을 위해 원목 철망수납장을 만들어주었다. 베란다 공간과 화분의 개수에 맞게 맞춤으로 만들어주었더니, 그냥 덩그러니 놓여 있을 때와는 다르게 깔끔함이 돋보인다. 앞쪽에 철망을 덧대어주니 답답해 보이지 않아 좋다.

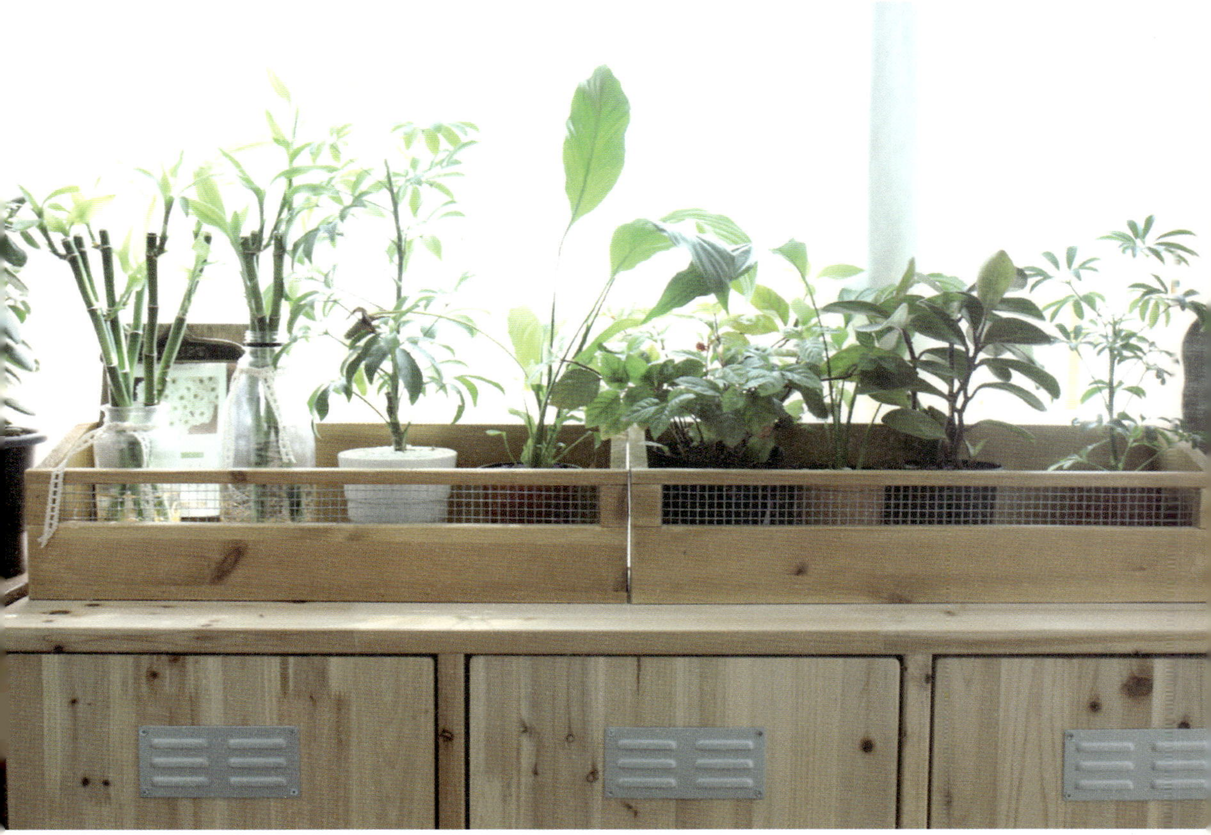

1_ 미송 1.5T 재단하기. 크기는 가지고 있는 화분 크기에 맞추는 것이 좋다.

2_ 앞쪽에 철망이 들어갈 부분을 잘라낸다.

3_ 목공 본드를 바르고 타카로 고정한다.

7_ 철망을 알맞은 크기로 잘라서 화이트 색으로 페인팅한다.

8_ 글루건을 사용해 안쪽에서 철망을 붙여준다.

4_ 스테인을 칠한다.

5_ 마르면 사포질을 한다.

6_ 바니시를 2회 칠해 마무리한다.

9_ 화분의 크기과 개수에 맞춰 만든 수납장이라 깔끔하게 정리할 수 있다.

10_ 완성.

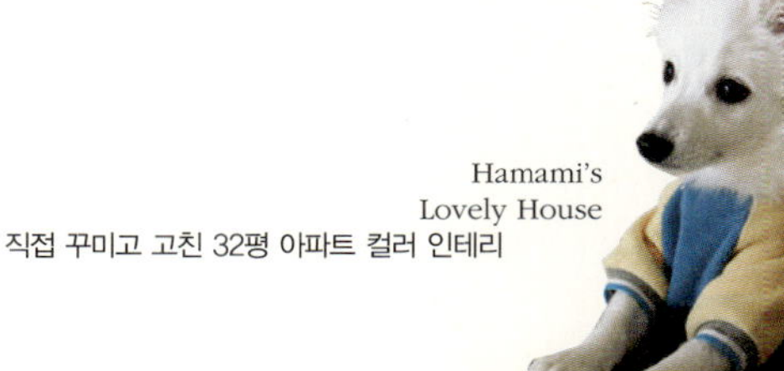

Hamami's Lovely House 3

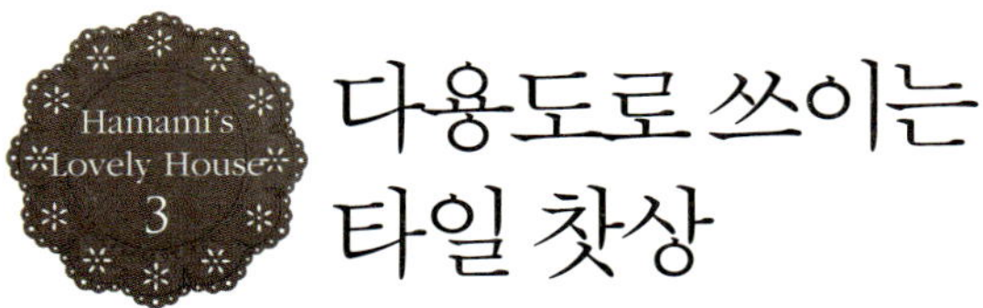

다용도로 쓰이는 타일 찻상

조각조각 작은 타일을 붙일 경우 예쁘기는 하지만 관리가 쉽지 않다. 큼직한 타일을 이용해서 두루두루 유용하게 사용할 수 있는 타일 찻상을 만들어보았다. 타일의 특성상 무게가 많이 나가는 단점도 있지만, 묵직한 무게감이 싫지 않은 찻상이다. 소파 밑에 보관해두고 필요시에 꺼내어 분위기 있게 차 한잔을 즐길 수도 있다.

타일의 무게감이 부담스럽다면 아래에 바퀴를 달아 사용하면 이동시 편리하다.

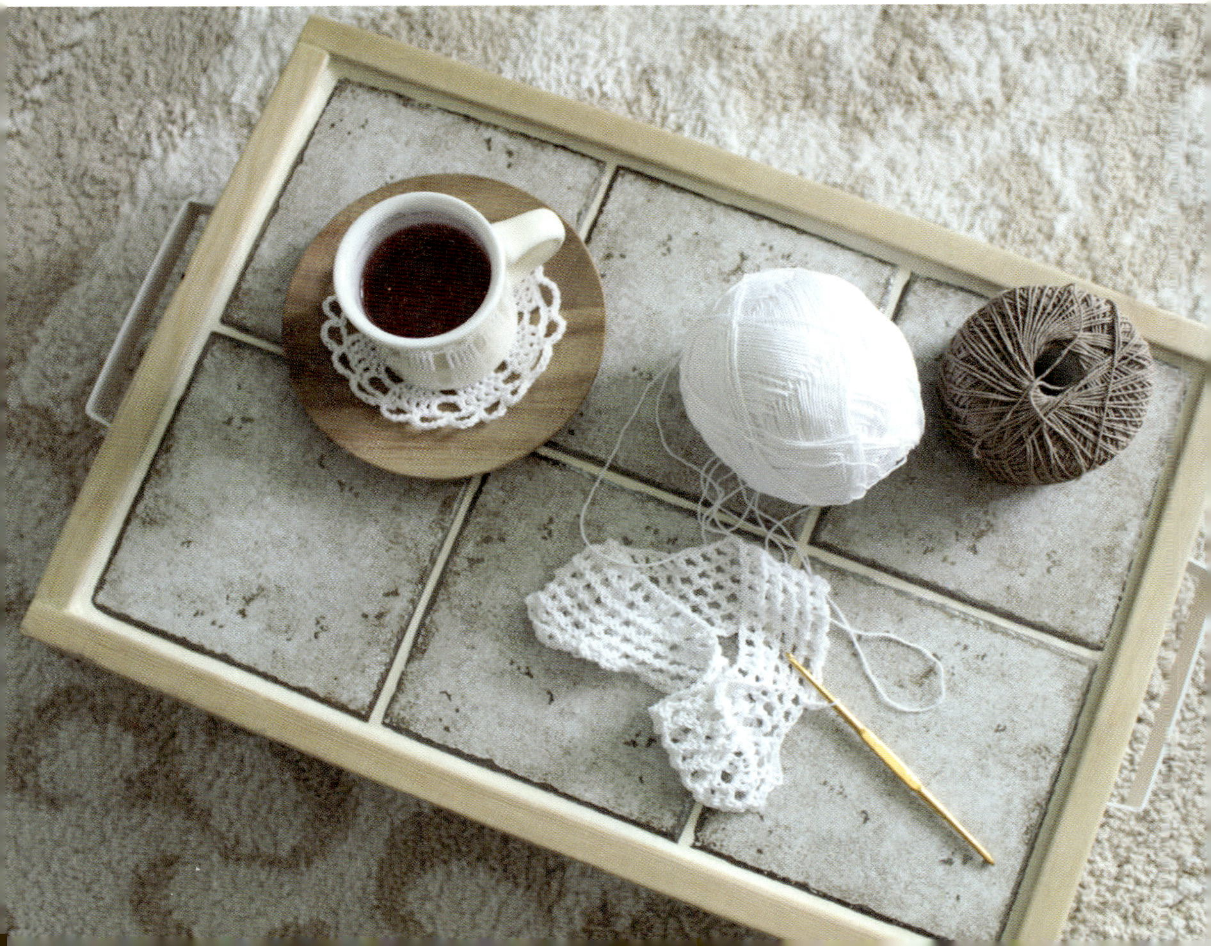

바퀴를 달아 더욱 편리하게 사용하고 있는 북유럽풍 타일 찻상 .

1_ 바닥판은 가구의 문짝을 재활용.

2_ 타일의 크기에 맞춰 목재를 재단한다.

3_ 테두리 목재는 미송 1.5T, 폭 5.5cm로 재단. 사용한 타일은 엔틱메탈 타일 베이지 6장.

7_ 아래쪽은 꺽쇠로 튼튼하게 고정한다.

8_ 타일접착제에 물을 조금씩 넣어가면서 되직하게 반죽하고 뿔헤라를 이용해서 편평하게 만든다.

9_ 타일을 올린다.

4_ 낮은 높이의 원목 다리를 준비한다.

5_ 바닥판에 원목 다리를 나사못으로 박아준다. 원목 다리 대신 바퀴를 달면 이동할 때 더욱 편리하다.

6_ 목공 본드를 바르고 테두리를 타카로 촘촘히 박아주었다.

10_ 이때 타일을 꾹꾹 눌러가며 수평을 잘 맞춰준다.

11_ 타일 줄눈제는 질게 반죽하면 사용하다가 갈라지기도 하고 완성도를 떨어뜨리는 요인이 되므로 되직하게 반죽한다. 가지고 있던 줄눈제가 크림빛이라서 화이트 페인트를 조금 넣어 색상을 조절해주었다.

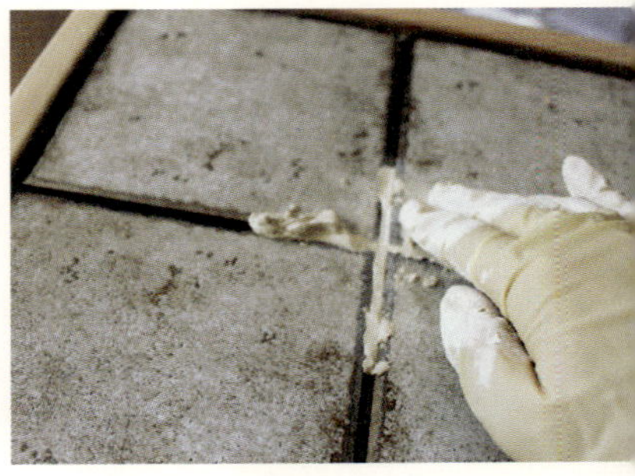

12_ 손에 잘 맞는 비닐장갑을 착용하고 줄눈제를 타일 사이사이에 넣어준다. 맨손으로 작업할 경우 손이 거칠어질 수 있으니 최대한 빠른 시간에 작업해야 한다.

13_ 전체적으로 줄눈제를 잘 눌러가면서 매끈하게 넣어준다. 마르기 전에 타일에 묻은 줄눈제는 어느 정도 닦아내는 것이 좋다. 밤새도록 줄눈제를 잘 말려주고, 고운 사포로 부드럽게 잘 정리한 후, 물티슈나 물걸레로 깨끗이 닦아낸다. 그리고 다시 살짝 말린다.

14_ 아버코트(바니시를 이용해도 됨)를 미술용 붓을 이용해서 줄눈제에 꼼꼼히 총3회 칠한다. 타일 작업은 기다림의 연속이다. 그 기다림이 완성도 높은 작업을 하게 해주니 느긋한 마음으로 도전하자.

15_ 심플한 화이트 손잡이를 박아 준다.

16_ 손잡이가 있어 편리하다.

17_ 다용도로 쓰이는 타일 찻상 완성.

Hamami's Lovely House

Hamami's Lovely House 4

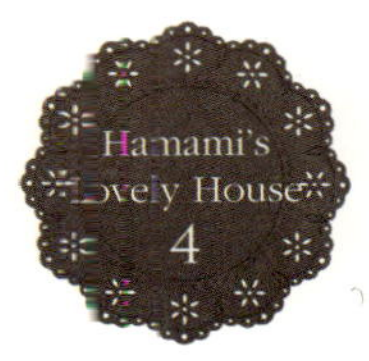

내추럴 원목 휴지 보관함

저렴하고 원하는 만큼 풀어쓰기 편리한 탓에 주방에서 자주 사용하게 되는 두루마리 휴지 보관함. 주방 식탁 옆에 걸어주니 사용하기도 편하고 내추럴한 원목 느낌이 주방 분위기와 아주 잘 어울린다. 직접 자르고 박는 작업이 부담스럽다면 '하마미의 원목 휴지 보관함' 으로 반제품을 구입해서 간단히 만들어볼 수도 있다.

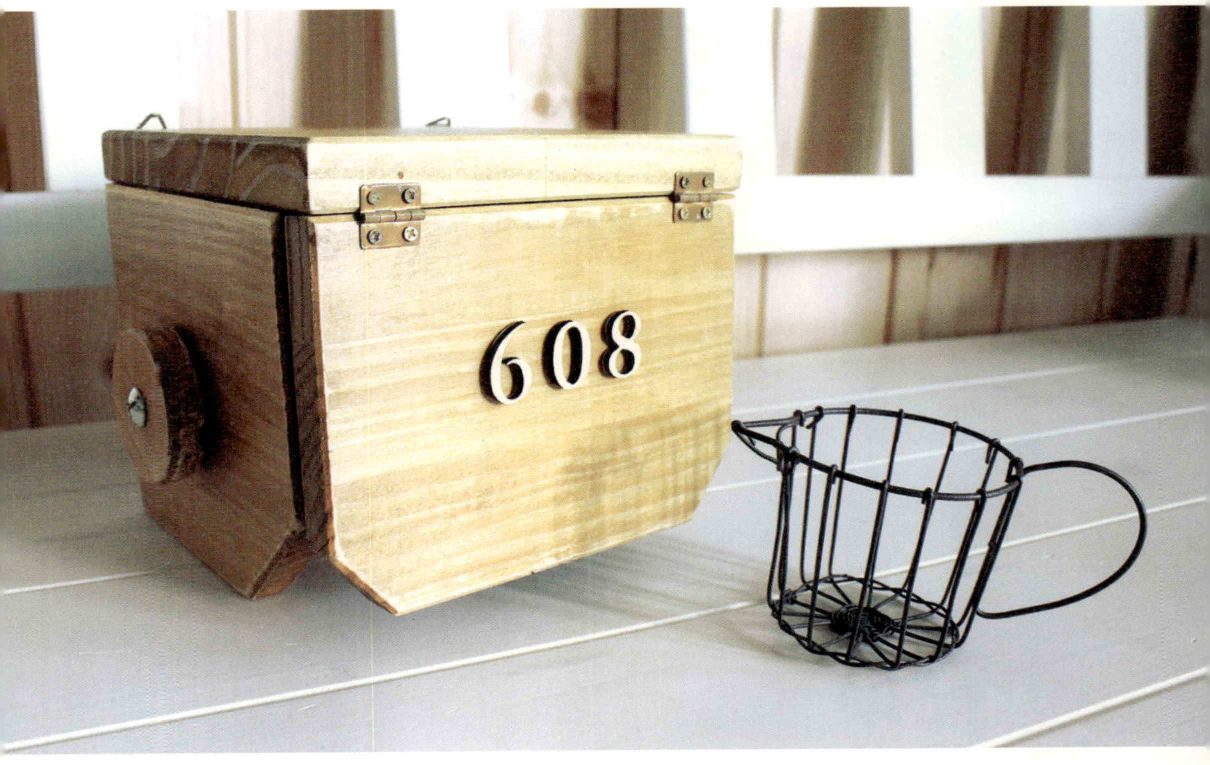

THE AMERICAN
HOME
608
Kitchen
Latte
piccolo

1_ 미송 1.5T 재단하기.

2_ 앞면과 옆면.

3_ 휴지를 직접 넣어보고 크기를 조절한다. 뒷면의 아래쪽에 사진처럼 보강목을 대어주었다.

4_ 옆면에는 목봉을 끼울 구멍을 홀쏘로 뚫어준다.

5_ 번데기 볼트와 너트.

6_ 목봉에 번데기 너트가 들어갈 구멍을 뚫어준다. 실리콘을 묻혀 고정시킨 후 볼트를 돌려 끼워본다. 한쪽에만 작업해주면 된다.

7_ 스테인을 바르고 사포질한 후 바니시를 칠해준다.

8_ 목공 본드를 바르고, 타카로 고정한다.

9_ 포인트로 숫자 장식을 붙여주고, 경첩을 이용해서 문을 연결한다.

10_ 액자고리 박기. 휴지를 교체할 때는 번데기 볼트를 손으로 돌려 열어서 목봉을 빼고 새로운 휴지로 교체해주면 된다.

11_ '하마미의 원목 휴지 보관함'. 페인트인포에서 반제품으로 구입할 수 있다. 원하는 색으로 페인팅해서 사용하면 된다.

12_ 완성.

간단하지만 멋스러운
원목 걸이 소품

걸이 소품을 하나 구입하려 해도 핸드메이드 제품은 가격이 만만치 않다. 구하기 쉽고
저렴한 재료들로 멋스러운 원목 걸이 소품을 만들어보았다. 내 손으로 직접 만들었으
니 핸드메이드라 칭해도 좋다. 다양한 종류의 조화로 변화를 연출할 수 있다.

Merci
PARIS
To awaken quite alone in a
strange town is one of the
pleasantest sensations in the
world
PARIS

1_ 자투리 원목다 DIY용 그물망을 준
비한다. 목재 가로 20cm, 세로
26cm, 그물망 가로 32cm, 세로
20cm.

2_ 그물망을 화이트로 페인팅한다. 스프레이를 이용
해도 좋다. 단, 스프레이 작업은 가급적 외부에서
하는 것이 좋다.

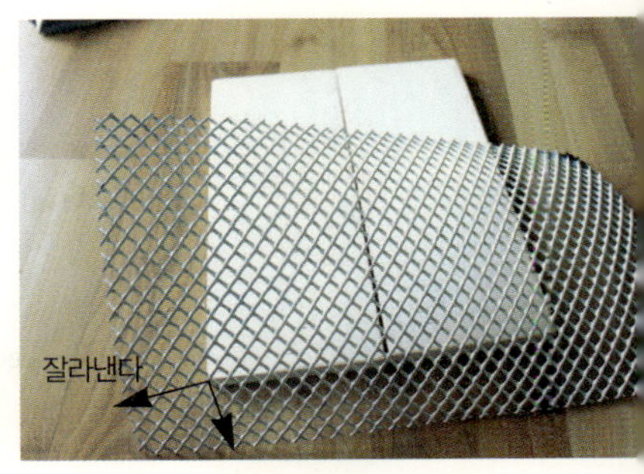

3_ 시진처럼 아래쪽을 잘라낸 후 그물망
을 모양에 맞게 접어서 건타카로 뒷
면에 박아준다.

4_ ㄷ자형으로 칩이 박혀서 패브릭을
고정할 때나 격자의 뒷면, 문 만들
기 등등 다양하게 활용할 수 있다.

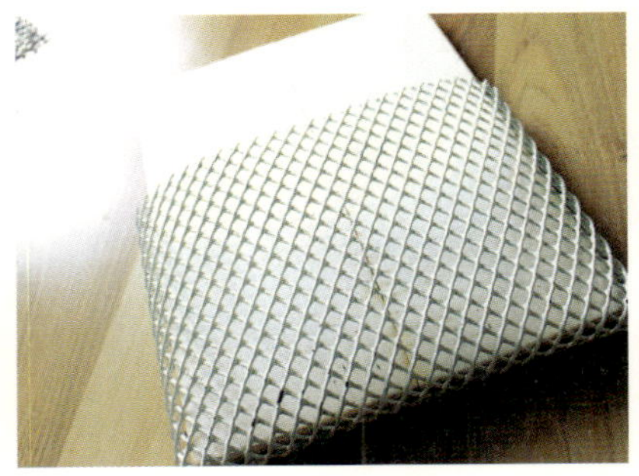

5_ 틀 완성.

6_ 패브릭 스티커를 사용! 패브릭 스티
커는 주로 패브릭에 포인트로 사용하
지만 나무에도 다림질해서 포인트를
줄 수 있다.

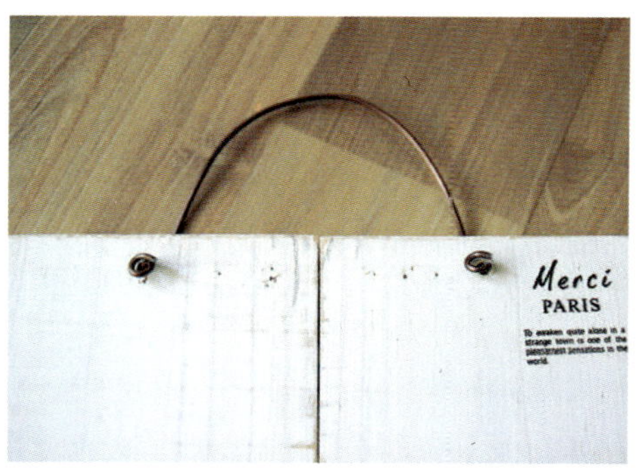

7_ 앞면에도 패브릭 스티커로 포인트 장식을 만들어 글루
건으로 붙여준다.

8_ 공예용 철사를 이용해서 걸이 장식을 만든다.

9_ 데이지 조화를 꽂아서 장식하면 완성.

Hamami's Lovely House 6

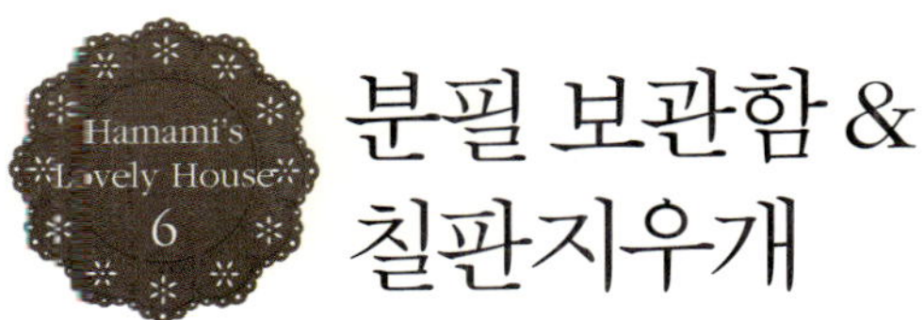

분필 보관함 & 칠판지우개

원목 칠판이 있으니 분필을 담아둘 보관함과 칠판지우개가 필요했다. 원목 칠판은 물티슈로 닦아내는 것이 가장 좋지만, 아이들이 재미있게 가지고 놀 수 있도록 미니 칠판 지우개를 만들어주었다. 장식적인 효과도 있지만 실제로 아이들이 잘 사용하고 있다.

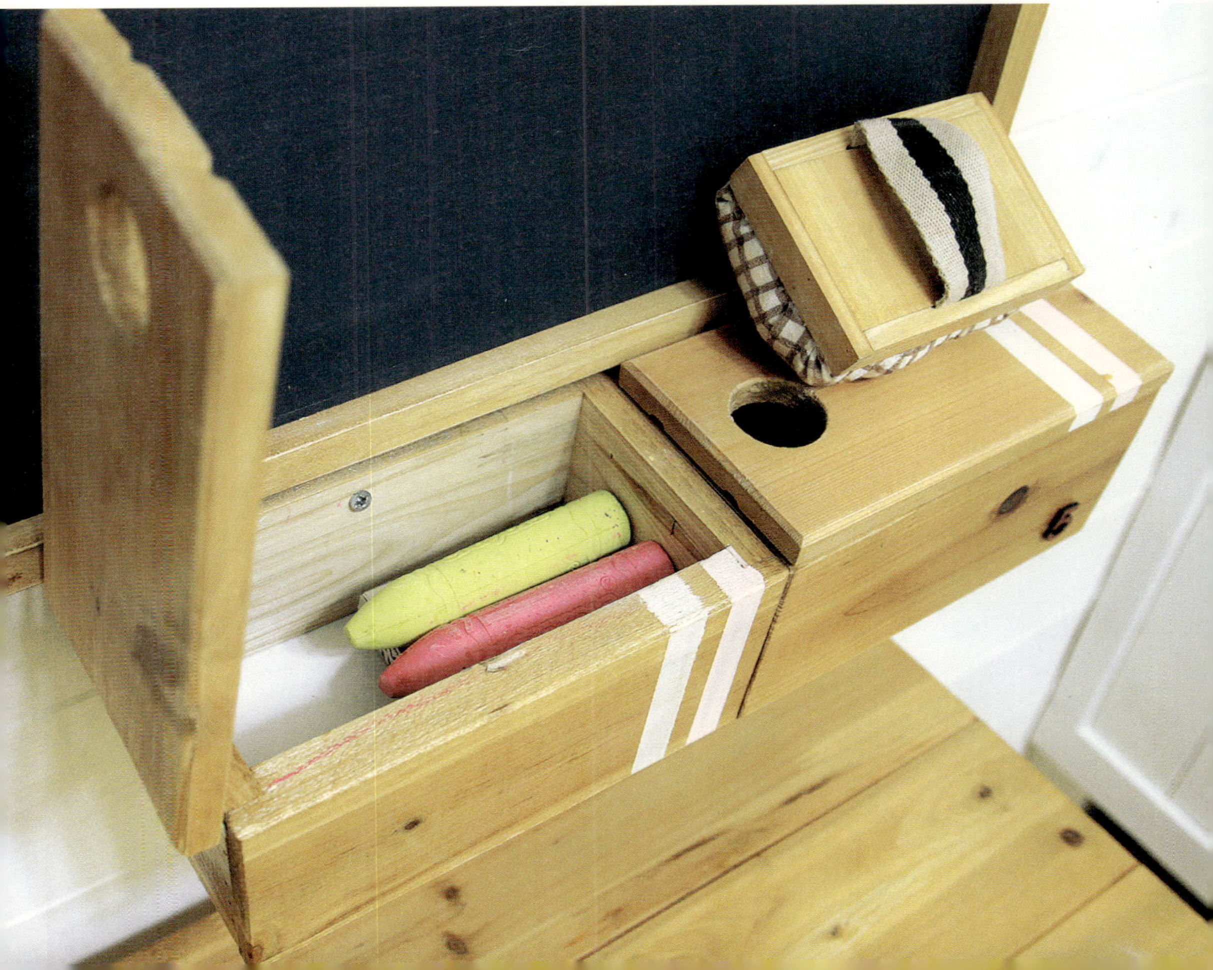

1_ 적당한 크기의 서랍 두 개를 활용.

2_ 서랍 두 개를 목공 본드를 바른 후 타카로 연결
해준다.

3_ 뚜껑을 재단한다.

7_ 라인을 주기 위해 마스킹테이프를 붙
여준다.

8_ 화이트와 핑크 라인.

9_ 경첩으로 문을 달아준다.

13_ 포인트로 숫자 몰딩 붙여주기.

14_ 분필 보관함과 칠판지우개 완성.

15_ 뚜껑은 양 옆으로 열린다.

4_ 손잡이 대신 홀쏘로 구멍을 뚫어
주었다.

5_ 모서리 대패로 다듬는다.

6_ 스테인을 칠하고 말린 후 사포질을
한다.

10_ 칠판지우개 만들기. 가방 끈이
들어갈 만큼 홈을 파준 후, 목공
본드와 타카로 박아준다.

11_ 패브릭을 넉넉하게 재단해서 안에 구름솜을 넣
고 홈질한 후 팽팽하게 당겨 글루건으로 고정
한다.

12_ 귀여운 미니 칠판지우개 완성.

Hamami's Lovely House 7

칸칸 원목 연필꽂이

늘어가는 아이의 펜을 위해서 종류별로 나누어 수납이 가능한 원목 연필꽂이를 만들었다. 필요에 따라서, 네 칸, 다섯 칸 얼마든지 원하는 칸만큼 늘릴 수 있어서 기성품을 구입해서 사용하는 것과는 다른 맞춤형 원목 연필꽂이다.

원목 연필꽂이를 만들어서 연필, 펜, 자, 가위, 풀 등 다양한 아이 문구류들을 나누어 수납해보자.

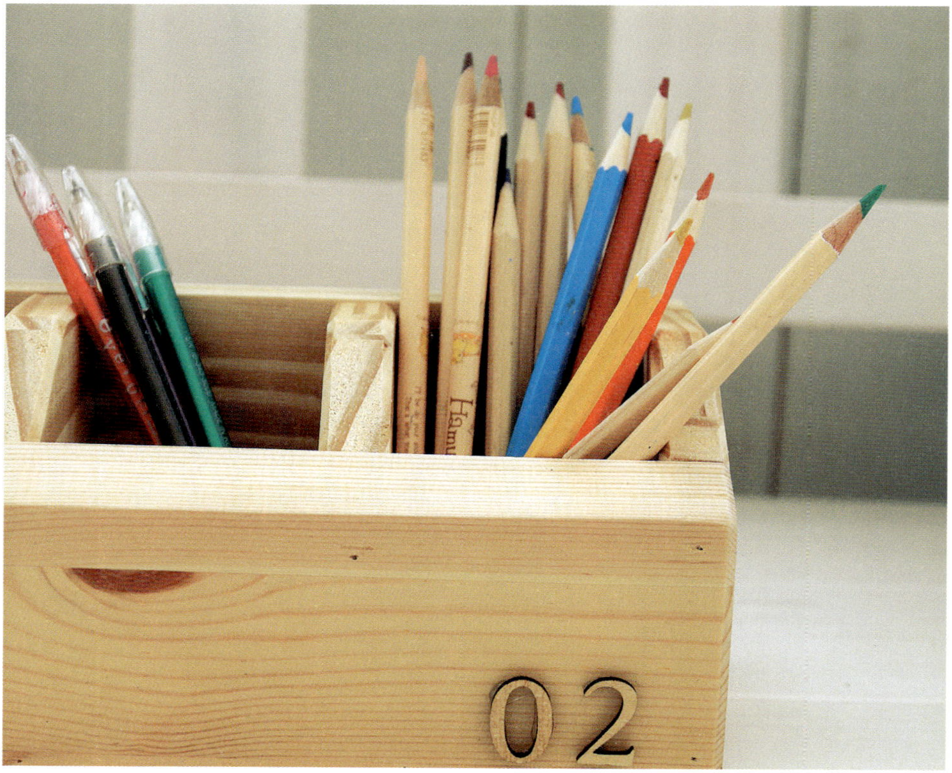

1_ 자투리 ㅁ승 1.5T를 사용. 연필로 자를 선을 표시한다.

2_ 재단하기. 가운데 칸막이는 밑판의 두께만큼 잘라낸다.

3_ 전개도(앞판, 뒷판, 바닥판, 옆판 2, 칸막이 2).

4_ 깔끔한 완성도를 위해서 파워워크샵을 이용해서 앞판을 사선으로 잘라준다.

5_ 앞판을 사선으로 재단해서 만들어준 모습.

6_ 모서리 다듬기 대패로 테두리 부분을 정리한다.

Hamami's
Lovely House

7_ 깔끔하게 마무리된 연필꽂이.

8_ 목공 본드를 바르고 타카로 박아준다.

9_ 아래쪽을 먼저 박고, 앞판을 제일 마지막에 박는다.

10_ 모든 작업에 목공 본드는 필수다.

11_ 바니시를 꼼꼼하게 2회 칠해준다.

12_ 숫자 장식 몰딩을 붙여서 완성.

13_ 칸칸 원목 연필꽂이 완성.

14_ 필요한 만큼 칸을 나누어서 만들 수 있어 유용하다.

Hamami's Lovely House 8

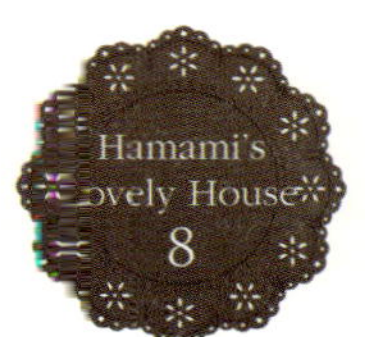

다이소 철망으로 만든 멋스러운 신문 보관함

저렴한 생활용품 할인점에 들러보면, 약간의 장식만 더하면 멋스러운 소품으로 새롭게 태어날 수 있는 재료들을 쉽게 구할 수 있다. 1000원 주고 구입한 철망을 이용해서 멋스러운 신문 보관홀더를 만들어보았다. 아직 보지 못한 신문이나 해결하지 않은 우편물 등을 보관하기에 아주 유용한 아이템이다.

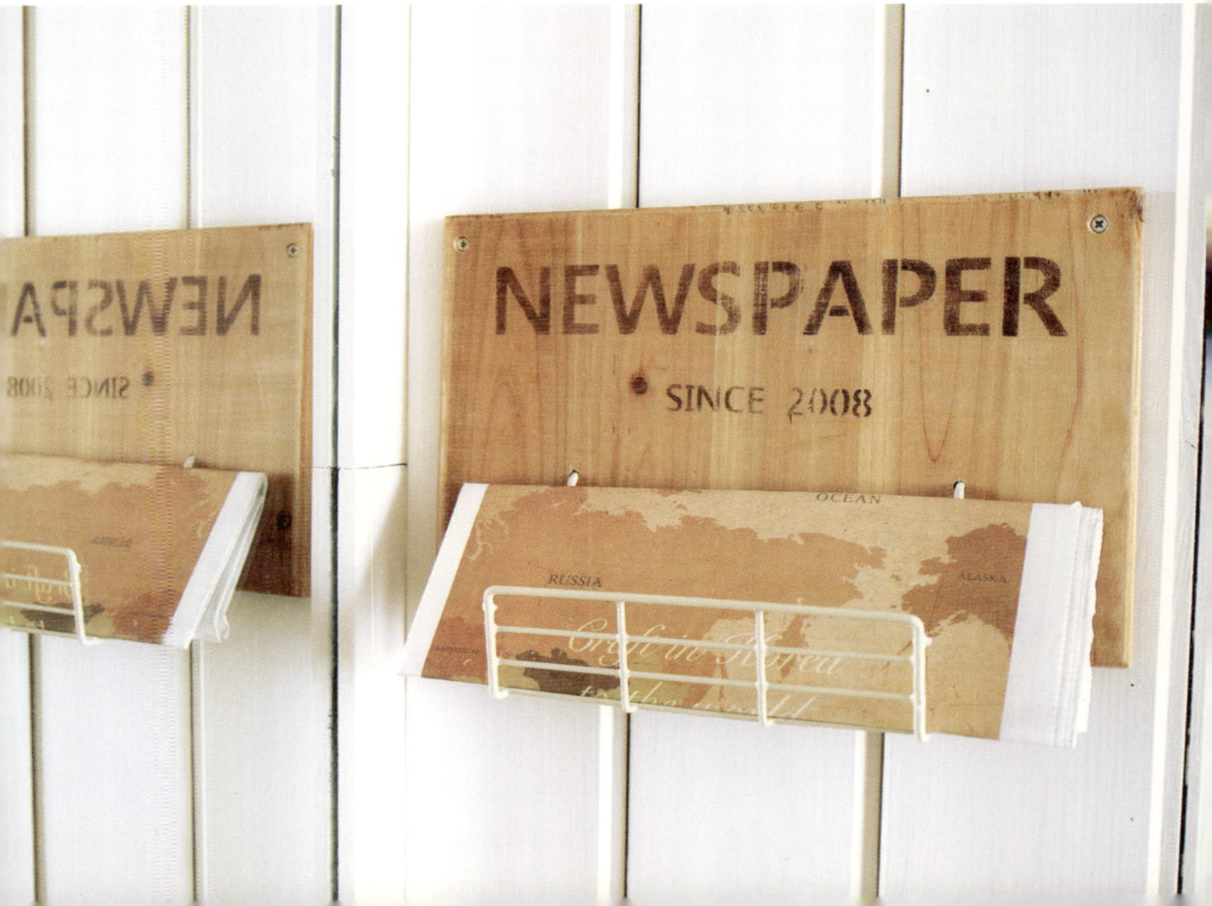

NEWSPAPER
SINCE 2008
113-7

1_ 다이소에서 1000원에 구입한 철망.

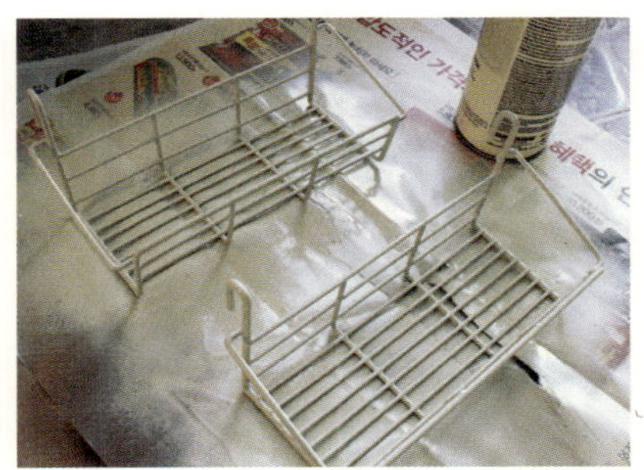

2_ 엑센트 스프레이를 뿌려 부드러운 크림빛으로 변화를 주었다.

3_ 펜치로 필요 없는 양쪽 부분을 잘라낸다.

4_ 알맞은 크기의 삼나무 판재(가로 30cm, 세르 20cm)를 준비하고 스테인을 바른다.

5_ NEWSPAPER를 프린트해서 스텐실본을 만들어 주었다.

6_ 삼나무 판재에 스텐실한다.

7_ 드릴 비트를 끼워 철망 간격에 맞춰 구
멍을 뚫는다.

8_ 구멍에 철망을 끼우고 뒷부분은 구부려 마무리한
다. 글루건을 쏘아도 좋다.

9_ 스텐실을 해주고 철망을 걸어주니
간단히 신문이나 우편물 등을 보
관하기 좋은 거치대가 완성되었다.

10_ 완성.

11_ 현관 입구에 걸어주면 우편물을
관리하기에 편하다.

Hamami's Lovely House 9

안 쓰는 CD를 활용한 북유럽 인테리어 따라잡기

한참 유행하고 있는 북유럽 인테리어는 스칸디나비아 반도를 중심으로 덴마크, 스웨덴, 노르웨이, 핀란드 등 북유럽 지역 국가의 디자인을 대표한다. 흔히 스칸디나비아 스타일이라고 불리며 실용적이고 자연주의를 추구하는데, 유행을 타지 않으면서도 개성 있는 디자인으로 우리나라 사람들에게도 많은 관심을 받고 있는 대표적인 리빙 트렌드이다. 심플한 배경에 다양한 컬러의 아이템을 매치하는 것이 포인트! 집에서 흔히 구할 수 있는 사용하지 않는 CD를 활용해서 북유럽 인테리어를 흉내 내어 보자!

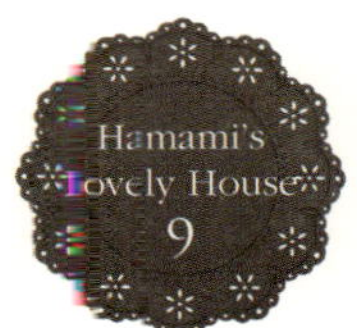

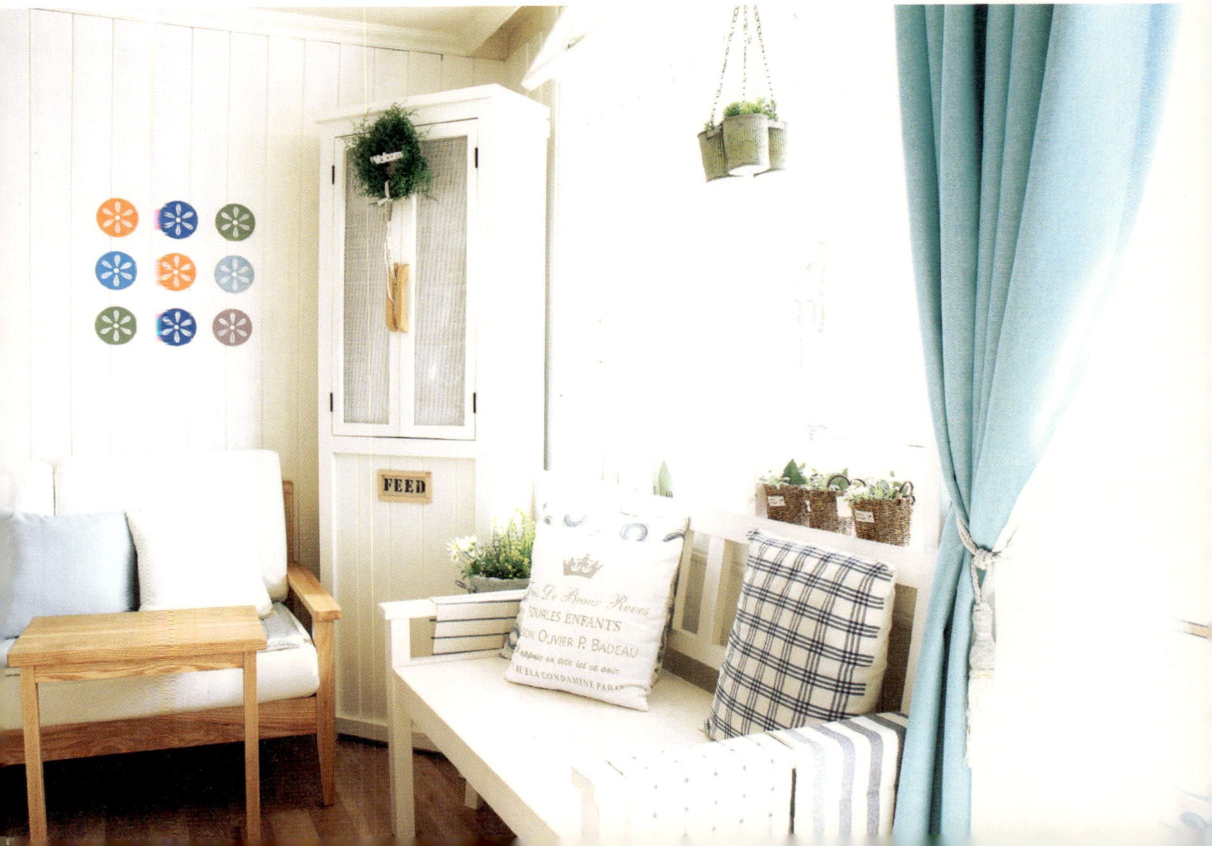

1_ 사용하지 않는 CD를 준비한다.
앞면이 이미지 넣기에 적당하므로
프라이머를 2회 칠해준다.

2_ 붓 자국 방지를 위해 롤러를 이용하여 칠한다.

3_ 다양한 컬러로 페인팅한다. 페인트
종류가 다양하지 않으면 아크릴 물감
을 섞어 조색한다.

4_ 스텐실본을 준비한다. 스칸디나비
아 스타일의 꽃이라 불리는 캐서
린 홀름의 나뭇잎 패턴을 프린트
해서 스텐실본을 만들었다.

5_ 화이트 색상으로 스텐실한다.

6_ 다양한 컬러의 CD에 스텐실을 해주
니 멋스럽다. 어울리는 컬러를 잘 매
치하는 것이 포인트이다.

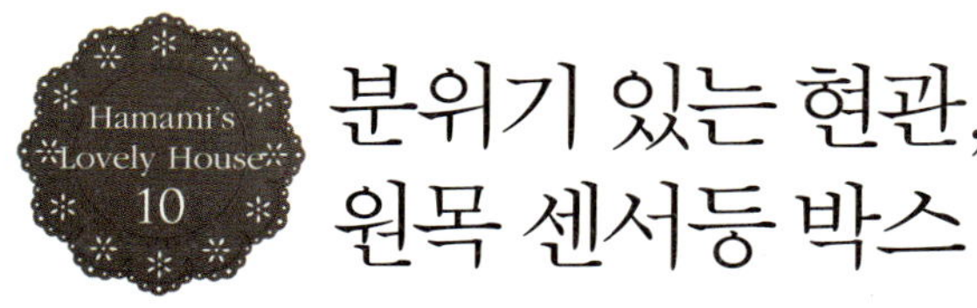

분위기 있는 현관,
원목 센서등 박스

사람의 움직임을 감지해서 등이 켜지는 현관의 센서등은 마음에 드는 디자인을 찾기가 쉽지 않다. 마음에 들지 않는 집 안의 등이 있다면 원목으로 등 박스를 만들어서 가려 보자. 간단한 작업이지만 가격 대비 최대의 효과를 낼 수 있다. 조명이 켜지면 나무 창 살 사이로 퍼지는 빛이 더욱 분위기 있는 현관을 만들어준다.

리폼한 현관과 어울리지 않는 센서등.

113-703

1_ 비교적 가벼운 목재인 삼나무 1.2T를 이용해서 네모 틀과 창살을 재단했다.

2_ 목공 본드를 바르고, 전기타카로 창살을 먼저 박아준 후, 테두리를 박는다.

3_ 테두리를 모서리 다듬기 대패로 정리해준다.

4_ 천장에 박히는 부분에 대각선으로 꺽쇠를 고정한다. 네 귀퉁이를 모두 고정해도 되지만, 삼나무가 가벼워서 꺽쇠 두 개만으로도 충분하다.

5_ 도색을 따로 하지 않고 바니시를 2회 발라서 마무리한다.

6_ 가로 방향의 창살 덕분에 조명이 켜지면 더욱 멋진 분위기를 연출할 수 있다.

7_ 타이트하게 만든 등 박스이기 때문에 전동 드릴 작업이 불가능했다. 드라이버를 이용해 나사못으로 박았다.

HAMAMI's TIP | 석고보드용 앙카

얇은 석고보드로 되어 있는 벽면이나 천장에 일반 나사못을 이용해서 박으면 빠지기가 쉽다. 이럴 경우 석고보드용 앙카를 구입해서 석고보드에 먼저 박아넣고 나사못으로 고정하면 된다.

사용 안 하는 원목 시계,
원목 스툴로 새롭게 태어나다

원목 스툴은 인테리어하는 사람들에게는 꼭 하나쯤 소장하고 싶은 소품이다. 직접 사용할 수도 있지만, 작은 화분이나 인형 등 작은 소품들을 얹어주어 포인트 역할을 하기도 한다. 보통은 반제품을 이용해서 많이 만드는데, 마침 사용 안 하는 원목 시계와 안방에서 사용하던 선반이 쓸모없게 되어 재활용하여 직접 만들어보았다.

1_ 안방에서 사용하던 파란 원목 시계와 네모난 선반. 선반으로 사용하던 목재는 넓이 4cm, 폭 2.7cm의 비교적 도톰한 적삼목 유절각재이다.

2_ 스툴의 다리를 46cm 길이로 4개 재단. 이때 위, 아래의 절단면은 파워워크샵으로 약 5도 정도 각도를 주어 재단한다.

3_ H자형 다리 모양을 2개 만든다. 가운데 연결 각재는 높이를 달리해서 서로 겹쳐질 수 있도록 한다.

3_ 목심을 이용해서 목공 본드를 바르고 연결한다.

4_ 다리 두 개를 대각선으로 얹어준다.

5_ 아래쪽에서 나사못을 이용해서 박아준다.

6_ 상판의 연결은 8자 철물을 이용해서 고정한다.

7_ 원목 시계의 파란색을 전동 샌더기로 벗겨낸다.

8_ 브라운색으로 페인팅한 후 사포질 하여 빈티지스럽게 표현했다.

9_ 상판을 8자 철물을 이용해서 밑에서 박아주면 완성.

HAMAMI's TIP | 8자 철물 박기

8자 철물은 테이블 등의 상판을 뒤틀림 없이 고정하고 싶을 때 사용하는 철물이다. 크기에 맞는 보링 비트를 이용해서 8자 철물의 두께만큼 구멍을 뚫고, 홈에 맞게 8자 철물을 고정한다.

원목 느낌이 좋은
각티슈 보관함

집집마다 꼭 사용하게 되는 각티슈를 위해서 내추럴한 원목 집을 선물해주었다. 패브릭으로도 만들어서 사용해봤지만, 묵직한 원목 보관함을 만들어주니 티슈가 조금 남아도 티슈각이 들어 올려질 일이 없어 안정적일 뿐만 아니라 다 사용하고 난 후에도 교체가 간단하다. 무엇보다 원목의 느낌이 좋아서 인테리어 소품으로 강추!

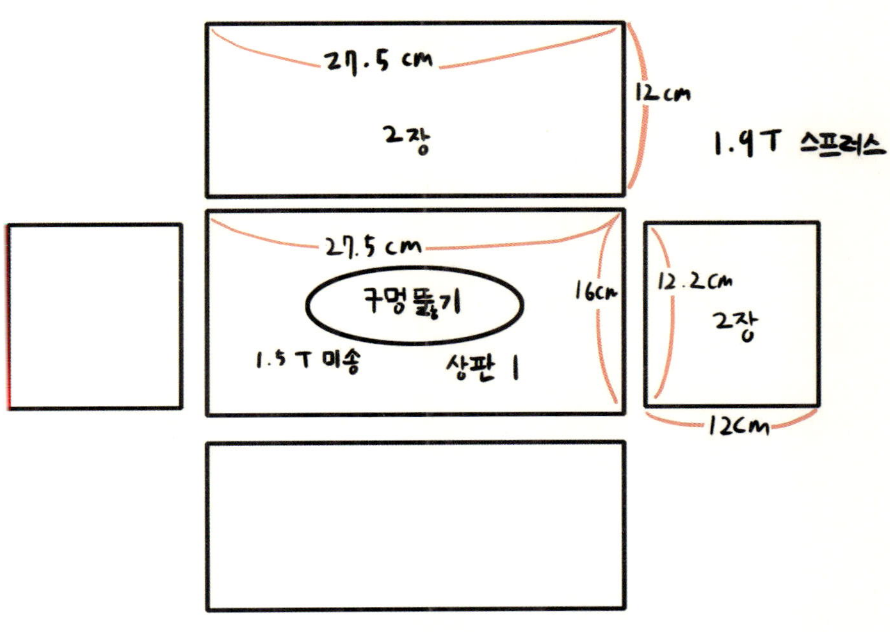

각티슈 보관함 도면

"LOVELY HOUSE"

2_ 각티슈를 준비한다.

3_ 각티슈 크기에 맞춰 사용할 목재에 자를 선을 표시한다(목재는 스프러스).

1_ 각티슈만 덩그러니 놓여 있는 모습.

4_ 표시한 선대로 재단한다. 각티슈를 넣고 빼기 편하도록 약간의 여유를 두고 재단했다.

5_ 목공 본드를 바른다.

6_ 몸통 부분을 에어타카로 박는다.

7_ 뚜껑이 될 부분과 잘라내야 할 부분을 표시한다.

8_ 홀쏘로 양쪽에 구멍을 뚫어준다(3분의 2 정도 뚫어준 후 반대 방향으로 돌려 뚫어야 깔끔하게 뚫을 수 있다).

9_ 직소에 곡선 날을 장착하여 곡선 부분을 깔끔하게 잘라낸다.

10_ 휴지가 나오는 부분은 사포로 다듬어 주어야 한다.

11_ 뚜껑 부분을 몸통에 박아준다.

12_ 스테인을 발라준다. 본덱스 벗나무색 이용.

13_ 스테인이 마르면 사포질을 한다.

14_ 포인트로 레터링지를 이용해서 원하는 문구를 새겨주고 바니시로 마감한다.

15_ 완성.

HAMAMI's TIP | 레터링지란?

포인트 주고 싶은 곳에 영문이나 숫자 코팅지를 가위로 잘라 나열한 후, 동전이나 뾰족한 물체로 문질러 새긴 후, 코팅지를 떼어낸다. 어렸을 때 자주하던 판박이와 비슷하다. 크기 별로 다양하게 판매 된다.

Hanami's Lovely House 13

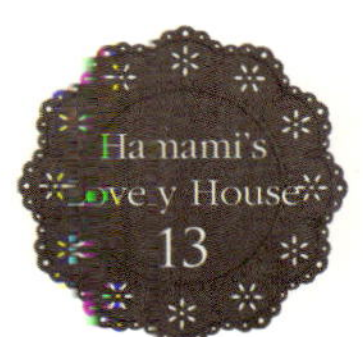

패브릭으로 만든 빈티지 액자

액자로 포인트를 주는 방법은 간단하면서도 변화를 주기가 쉬워서 내가 좋아하는 방법이다. 예쁜 그림이 있는 달력도 좋고, 포장지, 패브릭도 좋다. 액자 틀만 만들어두면 언제든지 교체해서 색다른 분위기를 연출할 수 있다. 리폼사이트에서 구입한 북유럽 느낌의 빈티지 커트지를 이용하여 액자를 만들었다. 집에 있는 액자에 페인팅으로 변화를 주어 조금 더 간단하게 만들 수도 있다.

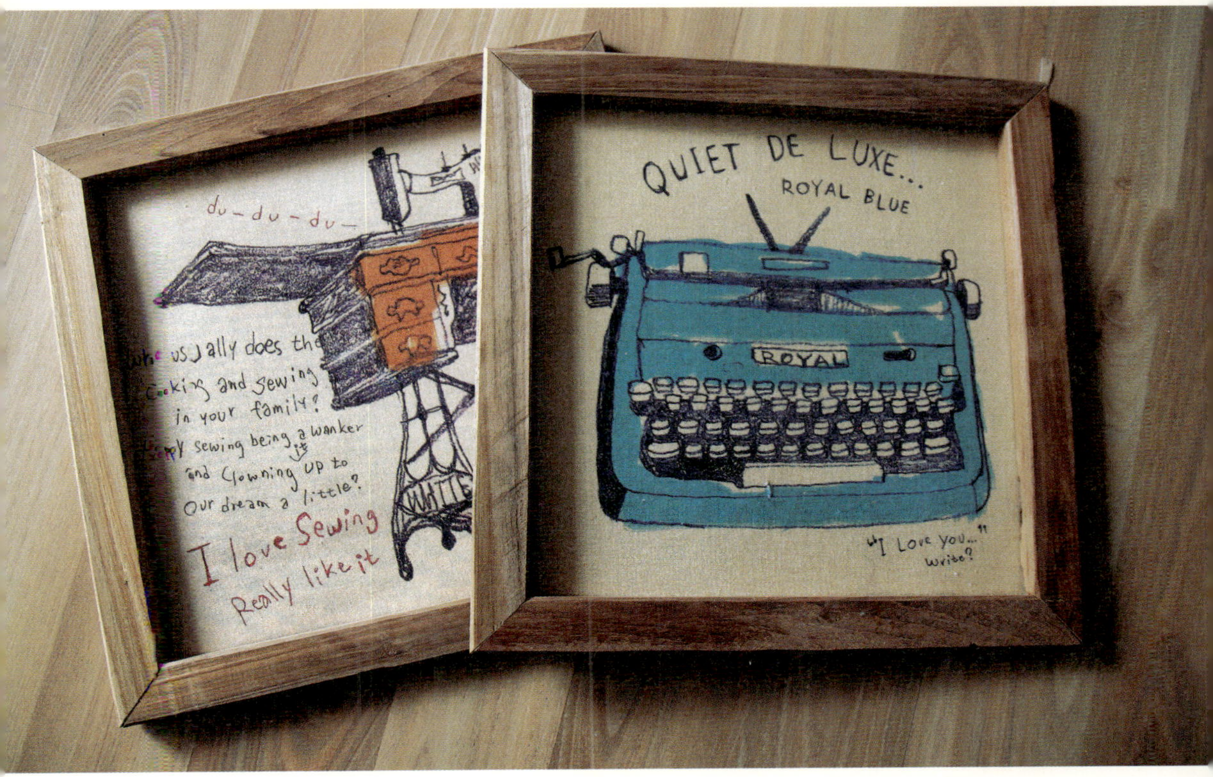

QUIET DE LUXE...
ROYAL BLUE
ROYAL
"I Love you..."
Write?
du - du - du -
Who usually does the
Cooking and sewing
in your family?
Happy sewing being a wanker
and Clowning up to
Our dream a little?
I love Sewing
Really like it
FLOW

1_ 핸드프린팅 스타일의 손그림 커트지를 준비한다.

2_ 가지고 있던 고재를 이용해서 커트지 크기에 맞게 재단해준다.

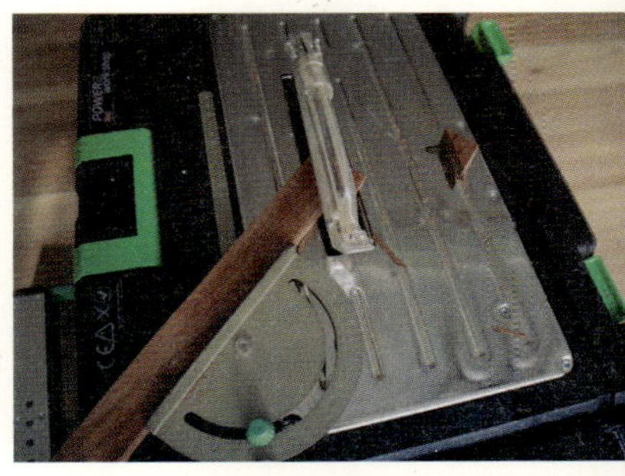

3_ 파워워크샵으로 45도 각도로 절단한다.

4_ 모서리의 면을 대패를 이용해서 다듬어준다.

5_ 목공 본드를 바르고 긴 타카심으로 모서리를 모두 박아준다. 하루 정도 말리면 더 튼튼하게 고정된다.

6_ 하드보드지(얇은 판재를 이용)와 커트지를 액자 크기에 맞게 자른다.

7_ 스프레이형 접착제를 뿌리고 패브릭을 고정한다. 패브릭의 경우 고정하지 않으면 계절에 따라서 수축, 팽창할 수 있다. 스프레이형 접착제로 고정하면 깔끔하다.

8_ 미니 나사못으로 액자 뒷면의 네 부분을 박아 고정한다.

HAMAMI's TIP | 스프레이형 접착제

리폼사이트나 마트, 동네 문구점 등에서 쉽게 구할 수 있다. 천, 종이, 필름, 플라스틱 등 가벼운 물질을 접착하는 데 유용하다. 사용 전, 충분히 흔든 다음 바닥에 신문지를 넓게 펴놓고 도포하려는 표면에서부터 15~20cm가량 떨어져서 골고루 뿌려준다.

패브릭 요요바란스

패브릭 요요는 자투리 패브릭을 모아 쉽게 만들 수 있는 장식 아이템이다. 나는 안방 벽에 붙였던 패브릭을 재활용해서 만들었는데, 바느질하고 남은 다양한 색상의 자투리 원단들을 모아서 만들어도 무척 멋스럽다. 자투리천과 약간의 수고만 더하면 간단하지만 멋진 패브릭 요요를 만들 수 있으니 한번 도전해보자. 미리 재단해두면 집안 일하는 틈틈이 만들 수 있다.

HAMAMI's TIP | 요요 만들기

준비물_ 자투리 패브릭, 실, 바늘, 연필, 컵 (컴퍼스)

지름 10cm의 동그라미를 그려준 후 시접을 0.5cm 여유를 주어 재단한다. 컵을 이용해 샘플로 하나를 먼저 만들어본 후 내가 만들고 싶은 크기로 지름을 변경하면 된다.

ONTARIO
ECZ
RS TO DISCOVER
MICHIGAN PI
22·04
GREAT LAKE
STATE
TRUCK
821
C
E
WYOMING
PARFUMERIE DU NORD
132 & 134, Rue Lafayette, PARIS
FEED

1_ 시접을 안으로 접어서 그 위에 홈질 (0.6~0.7cm 간격)을 동그랗게 해준다. 이때 원단이 얇을수록, 홈질의 간격이 클수록 당겼을 때 가운데의 동그라미 부분이 작아진다. 40수 정도의 얇은 원단으로 만드는 것이 가장 예쁘다.

2_ 실을 잡아당겨 동그랗게 모양을 잡아준다.

3_ 같은 방법으로 여러 개를 반복해서 만들어준다.

4_ 필요한 넓이와 길이로 패브릭 요요를 실이 보이지 않도록 요요의 안쪽으로 연결해서 바란스를 만든다.

Hamami's Lovely House 15

떠먹는 요구르트 병으로 만든 핀 쿠션 & 선인장 소품

작은 장식 소품을 하나 사려고 해도 왜 그렇게 가격이 비싼 것인지, 다 먹고 남은 떠먹는 요구르트 병과 집에 있던 자투리 천을 이용해서 핀 쿠션과 선인장 소품을 만들었다. 버려질 용기들도 다시 한 번 바라보면 멋진 소품을 만들 수 있다.

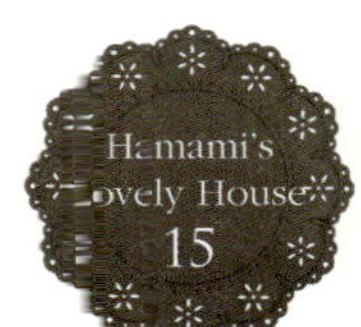

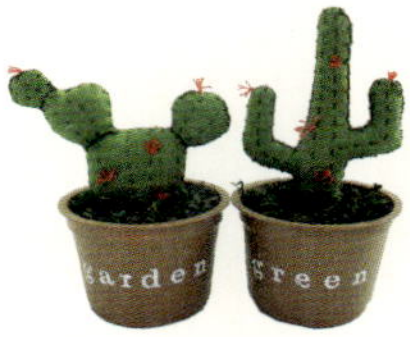

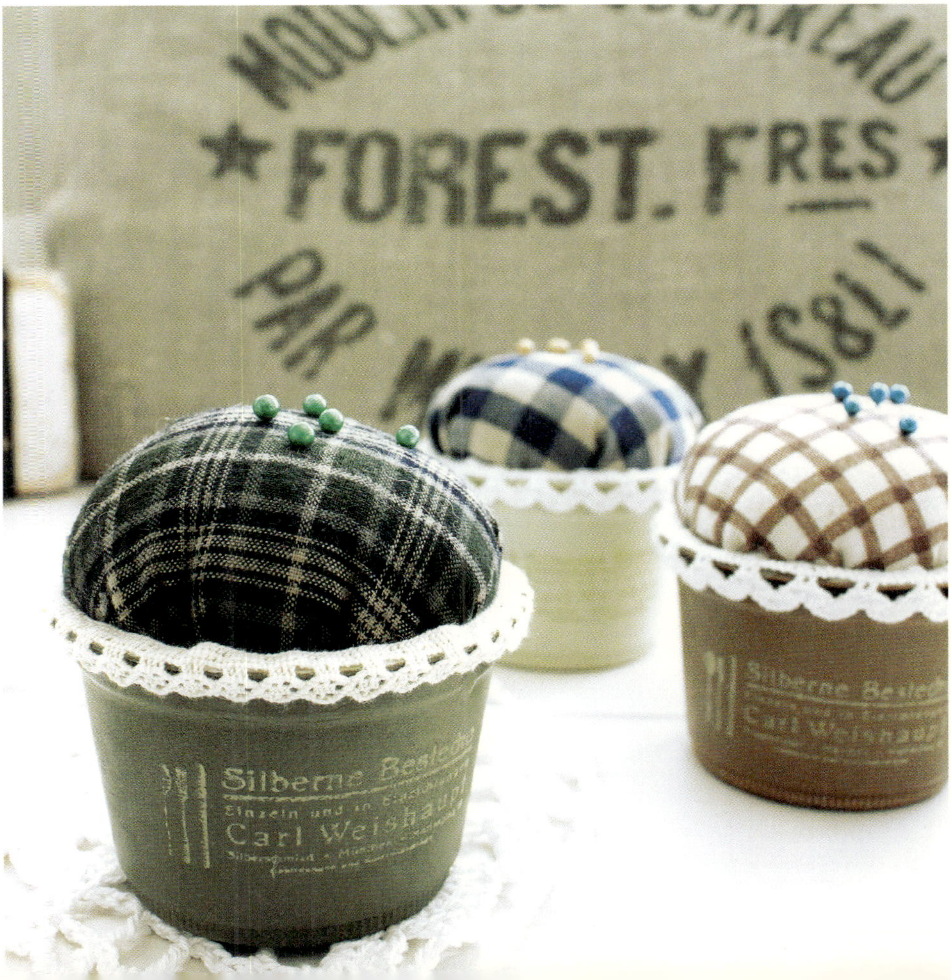

핀 쿠션 만들기

1_ 다 먹은 떠먹는 요구르트 병을 깨끗이 씻어서 준비한다.

2_ 다양한 색상의 엑센트 스프레이를 뿌려 도색한다. 혹은 프라이머 후 페인팅해도 좋다.

3_ 자투리 천을 준비한다.

4_ 커다란 주전자 뚜껑이 알맞은 사이즈이다. 지름 약 18cm로 천을 동그랗게 재단한다.

5_ 시접을 1.5cm 정도 접어 넣고 테두리를 홈질해서 당겨준다.

6_ 구름솜을 빵빵하게 넣은 후 솜이 빠지지 않도록 잘 마무리한다.

7_ 요구르트 병 안에는 넘어지지 않도록 작은 돌을 넣어주면 좋다. 화분에 넣는 마사토도 좋다. 테두리에는 레이스를 글루건으로 붙여준다.

8_ 솜을 넣은 자투리 천도 글루건으로 붙인다.

9_ 포인트 장식은 가지고 있는 스탬프와 스탬프 잉크를 이용했다. 스탬프 장식은 잉크가 다 마를 때까지 절대로 손으로 만지면 안 된다.

선인장 소품 만들기

1_ 초록색 자투리 천을 두 겹으로 접어 선인장 모양을 디자인해서 재단한다. 홈질한 후 뒤집어준다.

2_ 테두리는 초록색 실을 이용해서 버튼홀스티치로 포인트를 주고 홈질로 바늘땀을 넣어주었다. 빨간색 실을 여러 겹으로 겹쳐서 안쪽으로 매듭을 지어 밖으로 빼고 0.5cm 길이로 남겨두고 잘라 선인장 가시를 표현한다. 구름솜을 넣어주고 나무젓가락으로 기둥을 세워주었다.

3_ 마찬가지로 마사토를 넣어주어 쓰러지지 않도록 한 후 선인장을 꽂아준다. 인조 잔디로 장식하고 화이트 레터링지로 포인트를 주었다.

커피향 솔솔나는
유카리 미니 화분

커피 원두를 이용해서 유카리 미니 화분을 만들어보았다. 커피향 가득한 집을 만들어 주니 소품에게 집 한켠을 내어주어도 아깝지 않다.

공간에 작은 소품이 더해짐으로써 새로운 오브제가 되기도 하고, 때로는 버려질 재활용품에 아이디어를 더해 적은 비용으로 얼마든지 공간에 포인트를 줄 수 있다.

원두 커피알.

1_ 강남 고속버스 터미널 지하상가에서 하나에 500원 주고 구입한 미니 화분과 유카리 부쉬. 유카리 부쉬는 행복디자인에서 구입.

2_ 종이로 된 계란 판을 잘라서 재활용.

3_ 계란 판의 윗부분을 뚫고 유카리를 끼워 글루건으로 고정한다.

4_ 계란 판 아래쪽에는 마사토나 작은 돌멩이 등을 채워 쓰러지지 않도록 하면 좋다. 종이 계란 판도 글루건으로 미니 화분에 고정했다.

5_ 계란 판 위로 원두 커피알을 올려준다.

6_ 유카리 부쉬가 벌어지지 않도록 레이스나 끈 등으로 묶어주면 예쁘다.

7_ 화분에는 화이트 레터링을 포인트로 해주었다.

페인트 종류가 너무 많은데 어떤 걸 선택해야 할까요?

요즘은 셀프 인테리어가 대중화되면서 국내 제품뿐만 아니라 미국이나 독일의 제품들도 많은 인기를 끌고 있다. 페인트의 종류도 목재용, 금속용, 욕실용, 방문 전용, 방수 기능 페인트까지 그야말로 다양한 제품군을 형성하고 있다. 특히 각 회사별로 페인트를 표현하는 이름이 각각 달라서 소비자들이 더 복잡하게 느낀다.

1. 일반적인 가정에서는 수성 페인트를 사용하자.

불과 십여 년 전만 해도 유성 페인트가 대부분이었지만 요즘은 유성 페인트의 성능을 가진 수성 페인트가 다양하게 판매가 되고 있다. 인체에 무해한 친환경 제품인지 꼼꼼히 따져보고 구입하면 된다.

2. 국내산 페인트와 수입 페인트의 차이

나라마다 인체 유해 물질에 대한 기준치가 다른데, 국산보다는 수입 페인트가 더 높은 기준치를 통과한 제품들이라서 사용감이 훨씬 좋다. 벽지보다는 페인팅이 보편화되어 있는 유럽이나 북미산 제품들이 질이 좋은 것은 사실이지만, 가격적인 경쟁력은 국내 제품에 비해서 떨어진다. 페인트 냄새에 예민하다면 수입 페인트를 권한다. 그렇지 않다면 국내산 친환경 페인트를 사용해도 무방하다.

주방은 물을 많이 사용하는 공간인데, 페인트를 칠해도 괜찮을까요?

페인팅이나 리폼을 할 때 가장 걱정이 되는 공간 중 하나가 주방이다. 물을 많이 사용하는 주방의 싱크대나 벽면은 특히 더 그렇다. 싱크대의 경우는 일반적으로 프라이머 작업을 하고 수성 페인트를 칠한 후 바니시를 발라주거나, 바니시의 기능이 추가되어 있는 방문용 페인트나 기능성 페인트를 사용하면 조금 더 편하게 리폼할 수 있다. 다만, 싱크대보다는 주방의 벽면이나 후드, 나무로 만든 용품들은 방수 작업이 가장 중요하므로, 벤자민무어의 실내외 겸용 아버코트를 발라주었다. 2~3년에 한 번씩 아버코트를 재도장할 계획이다.

필름지, 하이그시 재질의 가구를 리폼할 수 있을까요?

필름지, 하이그로시 재질도 충분히 페인팅할 수 있다. 단, 페인트의 접착력을 높여줄 프라이머 작업을 반드시 선행해야 한다. 붓과 롤러를 병행 사용하되 가능한 한 롤러를 이용하는 편이 붓 자국이 보이지 않아 깔끔하다. 처음부터 페인트를 너무 두껍게 칠해서는 안 된다. 롤러를 트레이 그물망에 충분히 문지른 후 얇게 여러 번 칠하는 것이 요령이다. 하이그로시 재질은 사포로 문질러주면 페인트 접착력을 더욱 높여준다. 사포 작업이 만만치 않다면 생략해도 무방하다. 나의 경우 하이그로시 재질의 싱크대 하부장만 거친 사포 작업을 한 후 페인팅했고, 상부장은 생략했다.

DIY로 직접 가구를 만들면 비용이 얼마나 들까요?

사용하는 목재의 종류에 따라서 큰 차이가 있다. 리폼사이트에서 미송 집성목을 재단하여 만든다면 같은 디자인의 원목가구 50% 정도의 비용이 든다. 결코 적은 비용이 아니다. 그러므로 초보자들의 경우 처음부터 큰 작업을 하지 않는 편이 좋다. 작은 소품 작업으로 실력을 쌓은 후, 원목가구 만들기에 도전하면 실패할 확률을 줄일 수 있다. 재료비를 절감하려면 재단이 가능한 리폼사이트보다 동네 목재상을 찾아가는 것도 좋은 방법이다. 훨씬 저렴하게 목재를 구입할 수 있을 뿐만 아니라 재단하는 것을 직접 볼 수도 있어 DIY 작업시 참고할 수 있다. 실력을 쌓은 후 비용을 절감할 방법을 스스로 찾는 것이 DIY만의 매력이다.

하마미의
인테리어 영감 얻기

인테리어 블로거이기 전에 아내로서, 엄마로서 해야 할 일들은 끊임없이 이어진다. 밥하기, 빨래하기, 아이들 공부도 봐주어야 한다. 대부분은 열심히 해도 티도 안 나는 일들의 반복이다. 소위 말하는 가사노동이라는 말이 십분 이해되고도 남음이다.

아직도 아이들은 엄마의 손길이 많이 필요한 나이라서 가정이라는 틀 밖으로의 외출이 자유롭지는 못한 편이다. 그래서 대부분의 인테리어에 대한 영감은 비교적 찾아보기 쉬운 인터넷이나 인테리어 책자 등을 종종 이용하는 편이지만, 가끔은 큰맘 먹고 유명 카페거리를 찾기도 한다.

그런 곳에서 얻어지는 감동은 집에서 컴퓨터로 찾아보던 느낌과는 전혀 다른 새로운 영감으로 다가온다. 조금씩 조금씩 나를 위한 시간을 늘려야겠다.

삼청동 카페 거리에서

Hamami's
Lovely House

SIEST
DIGITAL

자주 이용하는 온라인 쇼핑몰

자재 구입

- http://www.paintinfo.co.kr 페인트인포

  목재의 종류가 다양하고 원하는 사이즈로 목재 절단이 가능해서 리폼에 필요한 목재와 철물
  을 구입할 때 자주 이용하는 리폼사이트.

페인트

- http://www.benjaminmoore.co.kr 벤자민무어

  130년 전통의 친환경 페인트로 다양한 페인트 제품군을 형성.
  무엇보다 성능이 좋아 셀프 인테리어시 주로 사용하고 있다.

인테리어 가구

- http://www.decoroom.kr 데코룸

  친환경 원목가구가 다양하고 예쁜 곳

- http://www.newworldgagu.co.kr 뉴월드가구

  저렴하고 괜찮은 갤러리장을 구입할 수 있다.

- http://www.papanamoo.co.kr 파파나무

  저렴한 원목가구를 구입할 수 있는 곳

조명

- http://www.cabinlamp.co.kr 캐빈램프
- http://www.luciferhouse.co.kr 샛별하우스
- http://www.buy-beam.com 바이빔

  인테리어의 꽃인 예쁜 조명을 구입할 수 있다.

소품샵

- http://www.shesday.kr   그녀의 하루
- http://designhappy.co.kr   행복디자인
- http://girlskitchen.co.kr   걸스키친
- http://www.laserena.co.kr   라세레나
- http://www.coya-kitchen.co.kr   코야키친

허전했던 공간에 포인트를 주는 예쁜 생활소품과 주방소품 등을 다양하게 만나볼 수 있다.

패브릭

- http://www.cozycotton.co.kr   코지코튼
- http://www.texworld.kr   텍스월드

예쁜 베딩과 커튼, 생활용품 등을 판매. 내가 원하는 디자인으로 맞춤 주문이 가능하다.

암막 커튼이 예쁜 사이트다.

그래픽스티커

- http://www.ingrigo.com   인그리고
- http://www.sangsanghoo.com   상상후

공간에 포인트를 주는 그래픽스티커와 아트프레임 등을 구입할 수 있다.

거울

- http://www.artu.co.kr   아트유

디자인이 멋진 거울을 구입할 수 있다.

프로방스집꾸미기 카페

- http://cafe.daum.net/decorplaza

50만 명 이상의 회원수를 보유하고 있는 다음 집 꾸미기의 대표 카페.

집 꾸미기에 대한 다양한 정보를 공유할 수 있다.

에필로그
/

글쟁이도 아닌 내가 지난 몇 달 동안 원고를 쓰면서, 참 많은 것을 느꼈답니다. 뚝딱뚝딱 공구만 들고 작업하다가 처음 펜을 잡았을 때 막막하기만 했던 기억이 나네요. 마지막 페이지를 쓰려니 아쉬움과 떨림으로 다가옵니다.

나의 원고 작업은 주부 파업과도 같았던지라,

아침마다 늦잠 자는 내가 깰까봐 방문도 닫아주고 조용히 밥 차려 먹고 출근했던 우리 남편. '검은 머리가 파뿌리 될 때까지 사랑하며 살자' 던 결혼식 때의 약속. 요즘 정말 파뿌리가 되어가는 당신의 머리를 보면서 우리가 앞으로 함께할 햇수를 손가락으로 꼽아보게 되는 것 같아요. 당신이 항상 하는 말처럼 가진 게 많지 않아도 행복하게 살아요. 나의 남편, 김문호! 정말 고맙고 사랑합니다.

나의 예쁜 두 딸 하은아, 하영아!

나중에 너희들이 컸을 때 이 책을 통해서라도 너희에게 멋진 엄마로 기억되기를 바란다. 엄마의 딸로 태어나줘서 고마워. 하은이, 하영이 사랑한다!

나의 엄마.

내가 책 작업하면서 힘들어하는 걸 보고 방해될까봐 전화도 안 하셨다던 엄마의 말

씀을 나중에 듣고 나는 참 나쁜 딸이구나 싶었어요. 엄마이기에 항상 기다려주고, 챙겨
즈고 보듬어주고……

　나도 엄마가 되고 보니 같은 여자로서 젊었던 엄마의 인생이 안타까울 때가 많답니
다. 사랑하는 나의 엄마, 존경합니다!

　그리고 마지막으로
　책이 나오기를 진심으로 기다려주었던 사랑하는 나의 가족들 모두와
　일주일에 한 번, 나에게 해피 바이러스를 안겨주는
　나의 절친 선미 언니, 현주 언니, 봉임 언니, 연주 언니…….
　묵묵히 기다려줘서 고맙다고 전하고 싶어요.

　블로그를 통해서 인정받기 시작했고,
　블로그를 통해서 소통하기 시작했고,
　블로그를 통해서 누구의 아내가 아닌,
　누구의 엄마가 아닌,
　나 자신으로 홀로서기 시작했습니다.

　어쩌면 내가 이루어가고 있는 이 모든 것이 종착지가 아닌 시작이 될 수도 있으리라.
　순간순간 변해가는 나의 첫 번째 집 이야기를 이렇게 하나의 추억으로 남길 수 있음
에 감사하고 또 감사합니다.

　미치도록 좋아하는 일을 하면서

나는 진정 행복하다.

하마이

하마미s DIY

셀프 인테리어의 모든 것